Video Digital –
Quo vadis Fernsehen?

Springer-Verlag Berlin Heidelberg GmbH

Außerdem erschienen:

A. Picot, S. Doeblin (Hrsg.) **eCompanies – gründen, wachsen, ernten**
ISBN 3-540-67726-7. 2001. IX, 160 S.

A. Picot, H.-P. Quadt (Hrsg.) **Verwaltung ans Netz!**
ISBN 3-540-41740-0. 2001. IX, 201 S.

J. Eberspächer, U. Hertz (Hrsg.) **Leben in der e-Society**
ISBN 3-540-42724-4. 2002. IX, 235 S.

J. Eberspächer (Hrsg.) **Die Zukunft der Printmedien**
ISBN 3-540-43356-2. 2002. VIII, 246 S.

A. Picot (Hrsg.) **Das Telekommunikationsgesetz auf dem Prüfstand**
ISBN 3-540-44140-9. 2003. VIII, 161 S.

M. Dowling, J. Eberspächer, A. Picot (Hrsg.)
eLearning in Unternehmen
ISBN 3-540-00543-9. 2003. VIII, 154 S.

Jörg Eberspächer · Albrecht Ziemer
(Herausgeber)

Video Digital –
Quo vadis Fernsehen?

Mit 41 Abbildungen

 Springer

Professor Dr. Jörg Eberspächer
Technische Universität München
Lehrstuhl für Kommunikationsnetze
Arcisstraße 21
80290 München
eberspaecher@ei.tum.de

Professor Dr.-Ing. E.h. Albrecht Ziemer
ZDF
ZDF-Straße 1
55100 Mainz
ziemer.a@zdf.de

ISBN 978-3-540-40238-1   ISBN 978-3-642-55852-8 (eBook)
DOI 10.1007/978-3-642-55852-8

Bibliografische Information Der Deutschen Bibliothek
Die Deutsche Bibliothek verzeichnet diese Publikation in der Deutschen Nationalbibliogra-
fie; detaillierte bibliografische Daten sind im Internet über <http://dnb.ddb.de> abrufbar.

http://www.springer.de

© Springer-Verlag Berlin Heidelberg 2003
Ursprünglich erschienen bei Springer-Verlag Berlin Heidelberg New York 2003

Umschlaggestaltung: Erich Kirchner, Heidelberg

SPIN 10934166   42/3130-5 4 3 2 1 0 – Gedruckt auf säurefreiem Papier

Vorwort

Die Fernseh- und Videowelt ist in einem enormen Wandel begriffen. Ähnlich wie bei der Audiokommunikation und dem Radio bedeutet „Digitalisierung" nicht nur die Ablösung der analogen Übertragung und Speicherung von audiovisuellen Signalen durch digitale Techniken. Die technische Konvergenz der Medien hat für die Märkte, Geschäftsprozesse und Geschäftsmodelle der gesamten Medien- und auch der IT-Branche weitreichende Folgen. Die Digitalisierung bringt nicht nur eine erhebliche Erhöhung der Zahl der Programme, Programmbündelung, elektronische Programmführung, Mehrwertdienste sowie die Möglichkeit von Abrufdiensten; durch das datengetriebene Internet und die Mobilkommunikation treten weitere mediale Dimensionen hinzu. Die Verknüpfung der Fernseh- und Videowelten mit dem Internet und der mobilen Kommunikation führt zu neuen multimedialen Angeboten und zu einem neuen überall möglichen Rezeptionsangebot. Der PC wird zum Fernseher und umgekehrt, der PDA organisiert nicht nur den mobilen Alltag, er wird zum Kommunikator und zum interaktiven Informator. Die Begriffe Konvergenz, Infotainment und Edutainment deuten an, wohin die Reise geht – und das, obwohl die gegenwärtige wirtschaftliche Stimmung und das Ende einer Interneteuphorie einen scheinbaren Haltepunkt andeuten.

Unter welchen Voraussetzungen werden sich das Fernsehen und die neuen multimedialen Angebote – aus der Sicht der Kunden wie aus ökonomischer Perspektive – weiter positiv entwickeln? Wer sind die „stabilen Player" am Markt und was sind ihre Strategien? Von zentraler Bedeutung ist weiterhin die Frage, ob die künftige digitale Welt eine „offene Welt" ist hinsichtlich des Zugangs – sowohl für Endkunden als auch für Dienste- und Inhalteanbieter. Standardisierte Schnittstellen, offene Plattformen und einheitliche, flexible Darstellungsformate werden dazu benötigt und stehen bereits teilweise zur Verfügung. Darüber hinaus ist zu klären, wie es um die Rechte an den digitalen Inhalten steht und wie sie geschützt werden können – angemessene Lösungen für das Digital Rights Management, das Urheberrecht und den Kopierschutz sind erforderlich. Auf der Fachkonferenz „Video Digital – Quo vadis Fernsehen?" haben führende Persönlichkeiten aus den Bereichen Fernsehen und Internet, Programmanbieter ebenso wie Medienrechtler und Ökonomen die Palette der künftigen medialen Möglichkeiten aus ökonomischer und ordnungspolitischer Sicht diskutieren und den Handlungsbedarf für Wirtschaft und Politik aufgezeigt.

Das Programm der Fachkonferenz wurde im Forschungsausschuss des Münchner Kreises erarbeitet. Das vorliegende Buch enthält die Vorträge und die durchgesehene Mitschrift der Podiumsdiskussionen. Allen Referenten und Diskussionsleitern sowie allen, die zum Gelingen dieser Konferenz und zur Erstellung dieses Buches beigetragen haben, gilt unser herzlicher Dank!

Prof. Dr. Jörg Eberspächer   Prof. Dr. Albrecht Ziemer

Inhalt / Contents

1 Video Digital – Trends und Szenarien für eine offene Medienwelt

Prof. Dr.-Ing. Jörg Eberspächer
Technische Universität München

Die Fernseh- und Videowelt ist in einem enormen Wandel begriffen. Die durchgehende Digitalisierung der bisher analog übertragenen Bildsignale, die großen Fortschritte bei der Bitratenreduktion sowie die Einbindung des Internet/WWW schaffen die Grundlage für völlig neue mediale Angebote und die Nutzung nahezu aller vorhandenen Kommunikationswege.

Kompression und breitbandige Netze

Der Nutzen der Digitalisierung ist vielfältig. Zum einen werden durch immer weiter verbesserte Verfahren der Kompression die für die Übertragung und Speicherung von Bewegtbildsignalen benötigten Bitraten um Größenordnungen reduziert (Bild 1).

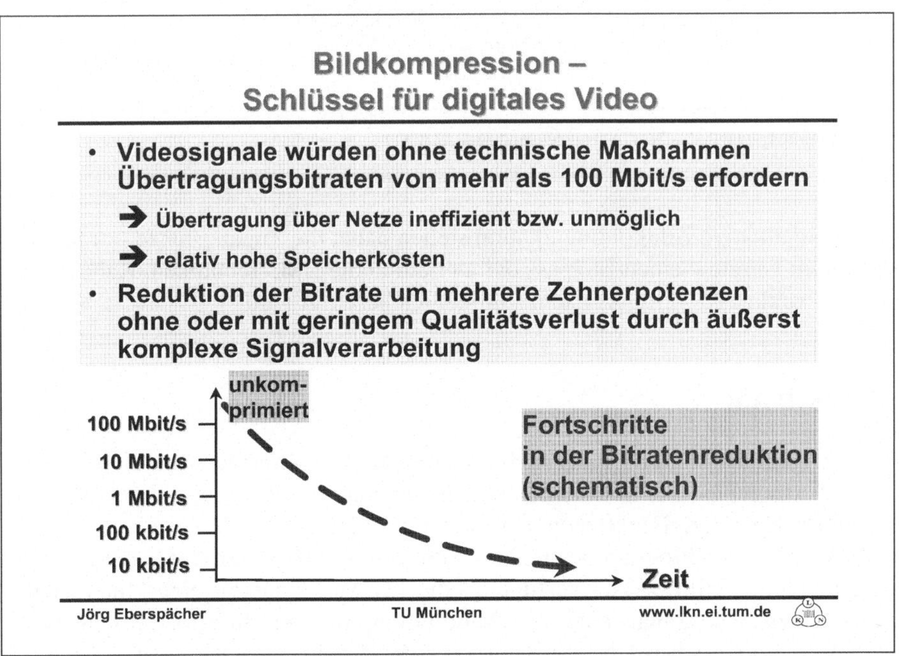

Bild 1: Entwicklung der Bitratenreduktion bei Videosignalen

Je nach gewünschter Bildqualität (Auflösung) können Bitraten bis herunter zu wenigen Kbit/s verwendet werden; selbst die Übertragung von Videosignalen über die relativ schmalbandigen Mobilfunkkanäle ist möglich. Die Netze ihrerseits entwickeln sich von dienstspezifischen Netzen (d.h. auch getrennte Übertragungswege für Rundfunksignale und vermittelte Kommunikation) zu Mehrdienstnetzen auf Basis des Internet bzw. der TCP/IP-Protokollarchitektur (Bild 2).

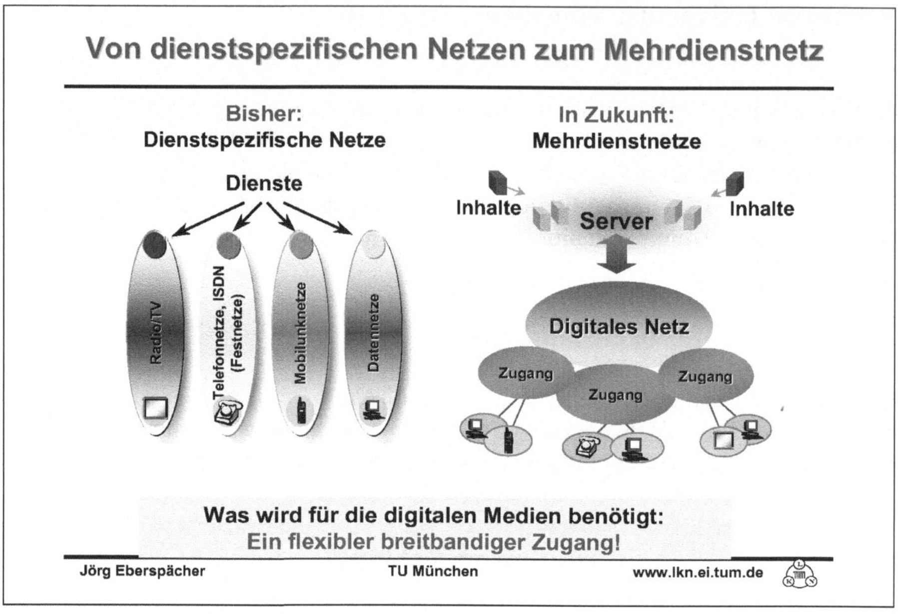

Bild 2: Dienstspezifische Netze und Mehrdienstnetze

Für hochqualitative Bildkommunikation stellen dabei die Zugangsnetze – trotz der reduzierten Bitrate – einen Engpass dar, der durch die DSL-Techniken, Kabelnetze und breitbandige Mobilfunksysteme allmählich beseitigt wird.

Interaktivität

Doch „Digitalisierung" bedeutet nicht nur die Ablösung der herkömmlichen analogen Übertragungs- und Speichertechniken für audiovisuelle Signale durch digitale Techniken. Neuartige Funktionen stehen zur Verfügung. Zur „Navigation" im riesigen Angebot der Programme stehen elektronische Programmführer (Electronic Program Guide, Bild 3) zur Verfügung, die bei Verfügbarkeit eines Internetanschlusses bzw. Rückkanals auch eine Verknüpfung mit dem Informationsangebots des WWW ermöglichen (Interaktivität). Das WWW bietet nicht zusätzliche programmbegleitende Informationen, sondern bietet auch „Kommunikationsecken"

(Chat) und den zeitversetzten Abruf von gespeicherten Programmclips, Videos oder kompletten Sendungen.

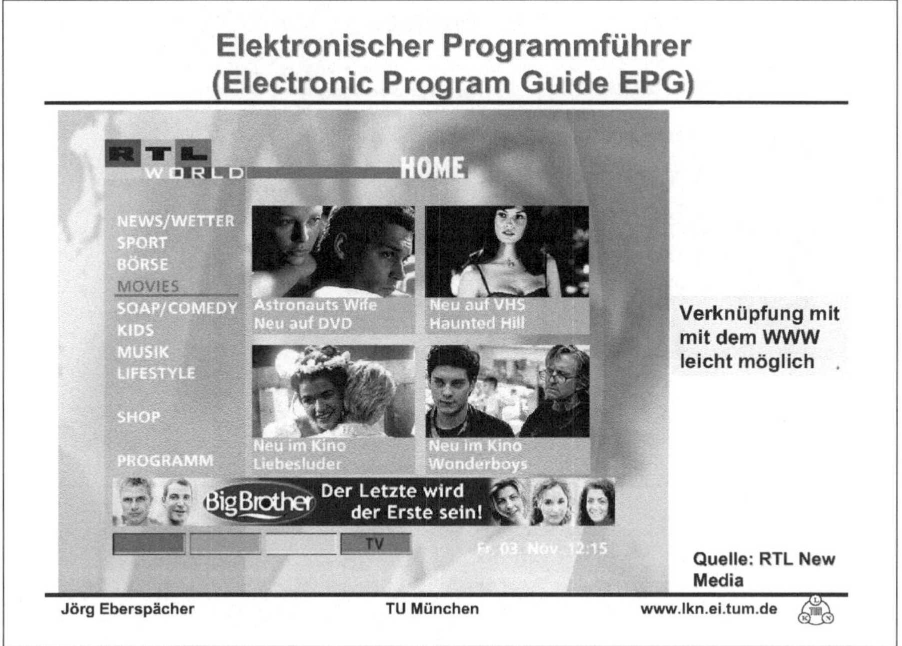

Bild 3: Electronic Program Guide

Die Verknüpfung der Fernseh- und Videowelten mit dem Internet ermöglicht also vor allem Interaktivität und damit eine neue Dimension der Kommunikation des Nutzers mit „dem Medium". Mit diesen „Cross-Media"-Angeboten (Bild 4) zielen die Programmverantwortlichen inzwischen nicht mehr nur auf Minderheiten, sondern auf das Massenpublikum.

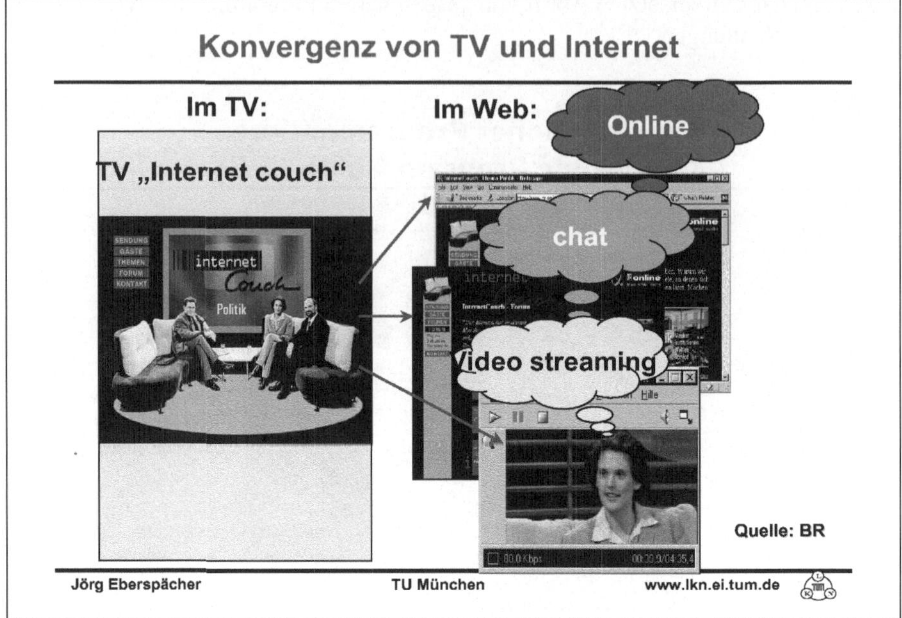

Bild 4: Cross Media-Angebote

Natürlich treten nun zunehmend auch kommerzielle Aspekte in den Vordergrund. Herkömmliche „Verteilprogramme" werden mit eCommerce angereichert, so dass man – aus Programmangeboten heraus – Waren präsentiert bekommt und auch online ordern kann. Die Konvergenz zwischen TV und Internet wird hier besonders deutlich sichtbar.

Streaming

Eine andere Facette der Interaktivtät stellt das rasche Vordringen des Internet-Streaming dar. Streaming ist ein Online-Service, mit dem – am besten unter Nutzung breitbandiger Zugangsnetze – Videoströme und Fernsehprogramme im „normalen" Internet übertragen werden, in der Regel aus Archiven (Bild 5) .

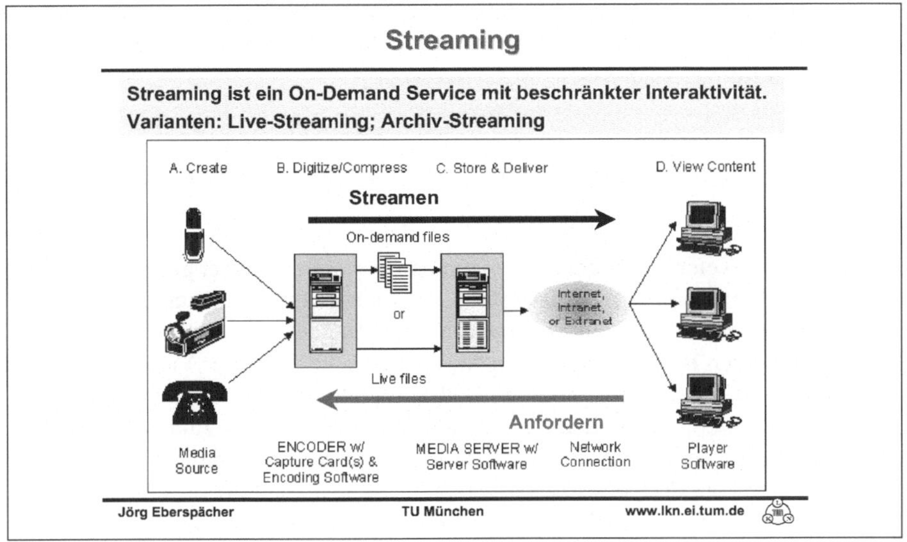

Bild 5: Streaming-Technologie

Dadurch wird die Vision vom „Video-on-Demand" Realität. Nachdem nun bereits Tausende von Radiostationen in das Internet einspeisen (oder besser gesagt: abgerufen werden können), ist die nächste Welle die Bildübertragung für Filme und TV-Sendungen. Die Browser-Clients (Bild 6) sind hierfür bereits geeignet und einfach zu bedienen.

Bild 6: Clients für Audio- und Video-Streaming

Durch neuartige Techniken der Medienverteilung will man auch die zu erwartenden sehr großen Teilnehmerzahlen bedienen können. Die Netzkapazitäten hierfür stehen zumindest im Kernnetz zur Verfügung.

Offene, standardisierte Systeme: Multimedia Home Platform MHP

Die Diskussion, welches Endgerät denn nun zum Fernsehen besser geeignet sei, der PC oder das herkömmliche Fernsehgerät, wird aus mehreren Gründen hinfällig. Zum einen nutzen tatsächlich immer mehr Menschen den „Lean-Forward" PC (mit entsprechend guten Bildschirmen) zum Anschauen selbst längerer Videosequenzen oder sogar Filme. Zum anderen zieht in die digitalen TV-Geräte die Computertechnik ein. Von zentraler Bedeutung für den Markterfolg der digitalen Medien ist deshalb die Frage, ob die künftige digitale Welt eine „offene Welt" ist hinsichtlich des Zugangs, sowohl für Endkunden als auch für Dienste- und Inhalteanbieter. Standardisierte Schnittstellen, offene Plattformen und einheitliche, flexible Darstellungsformate werden dazu benötigt. Sie stehen bereits teilweise zur Verfügung. Eine wesentliche Rolle spielt hier die weltweit standardisierte Multimedia Home Platform MHP (Bild 7). MHP bietet eine offene Programmierschnittstelle (API) und ermöglicht es so, digitale Anwendungsprogramme beliebiger Art, z.B. Elektronische Programmführer und Multimedia-Anwendungen, auch aus dem Internet, oder interaktive und On-demand Dienste auf zukünftigen SetTop-Boxen, in Fernsehempfängern und auf PCs auszuführen. Durch die Bereitstellung einer Schnittstelle, an der man verschiedene Entschlüsselungsdecoder anschließen kann, ist ein „Conditional Access" unterschiedlicher Art flexibel realisierbar.

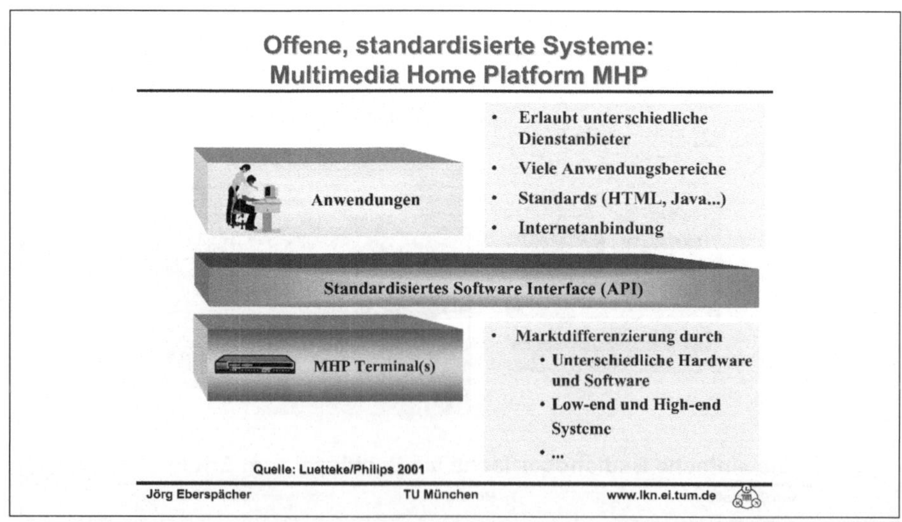

Bild 7: Multimedia Home Platforrm MHP

Eine Konsequenz werden die „offenen" Plattformen haben: Eine Auffächerung der Wertschöpfungsketten zu komplexen Wertschöpfungsnetzwerken (Bild 8). Wer von den verschiedenen „Playern" dann letztendlich am Geschäfts partizipieren wird, ist noch offen; Inhalteproduzenten, Inhalteverteiler, klassische Rundfunkanstalten und Netzbetreiber ebenso wie neue Anbieter werden versuchen, sich aus dem immer größer werdenden Angebotsspektrum ein Stück herauszuschneiden. Wieviel, wird der Markt entscheiden.

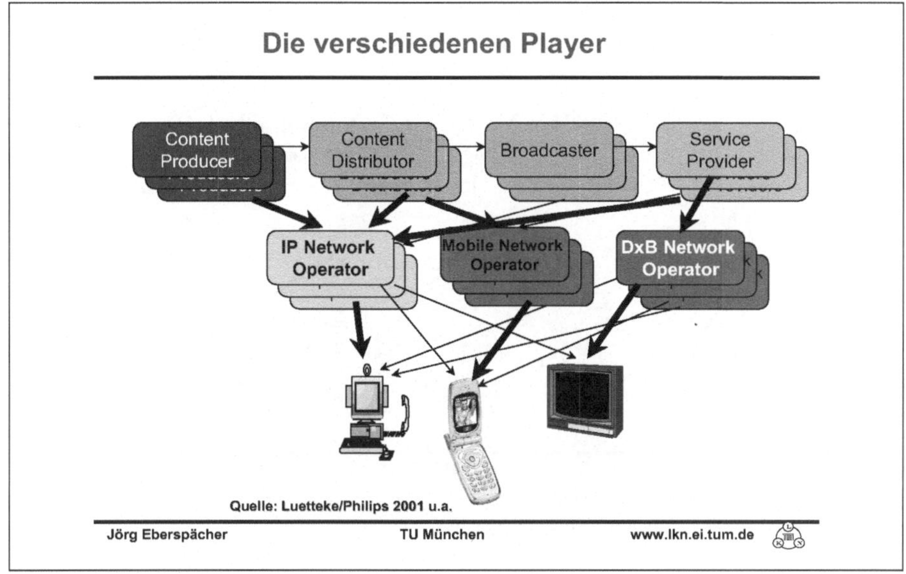

Bild 8: Wertschöpfungsnetzwerke

Online-Tauschbörsen mit Peer-to-Peer-Technologie

Ein völlig neuer und nicht unproblematischer Aspekt der digitalen Medienwelt wird durch die sich rasant verbreitende Peer-to-Peer-Technik (P2P) repräsentiert. Hier wird das weltweite Internet/WWW als riesige, selbstorganisierende Online-Tauschbörse für digitale Datenfiles, vor allem für Musik und Videos genutzt. Der Nutzer schickt mit einfachen, im Internet frei verfügbaren Kommunikationsprotokollen Anfragen für die gewünschten Inhalte ins Netz, wo sie schnell zu Tausenden anderer Nutzer weiter verbreitet werden

Die Treffer bei dieser lawinenartigen Suche werden dem Anfrager mitgeteilt, der den gewünschten Datenfile dann direkt von einem der „Besitzer" downloaden kann (Bild 9). Im Grunde handelt es sich ein dezentrales, benutzergesteuertes Content-Management auf der Grundlage eines Overlay-Netzes von sog. Servents (Server+Client in einem Rechner). Das Problem ist, dass bei P2P meist illegaler

Handel mit Inhalten getrieben wird. Wie man mit diesem neuen Kommunikations-Paradigma umgehen soll, ist eine noch offene Frage; das P2P-Phänomen zeigt aber, wie der technische Fortschritt und die damit einhergehende Konvergenz die Medienwelt transformieren. Praktikable Lösungen für das Digital Rights Management sind deshalb dringend erforderlich.

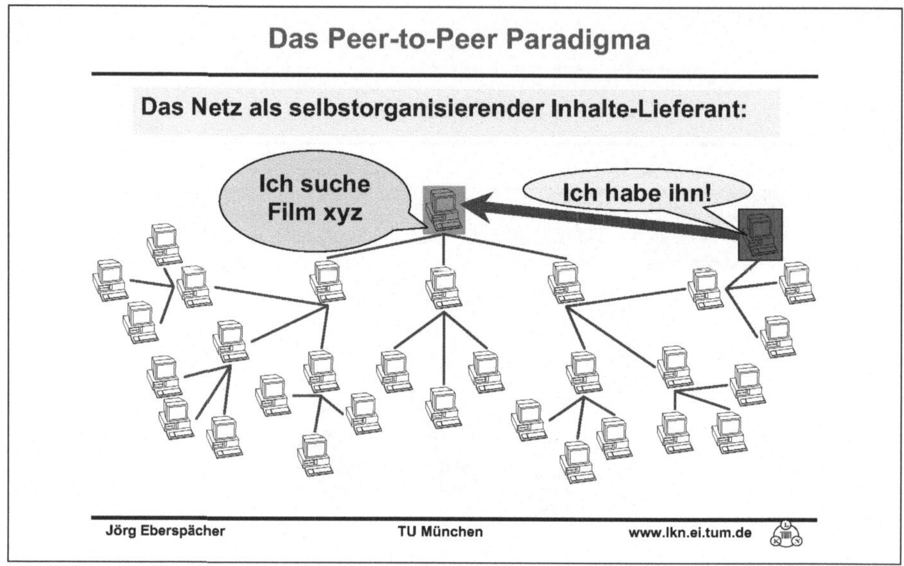

Bild 9: Peer-to-Peer-Technik für Online-Tauschbörsen

Endgeräte: Zeit der Experimente!

Noch einige Bemerkungen zu den Endgeräten. Der ubiquitäre und damit zunehmend unsichtbare PC ist die Basis aller modernen Medientechnik. In Bedienung und Aussehen werden sich die Mediengeräte aber wohl erheblich weiter entwickeln (Bild 10). Es muss und wird experimentiert werden, um herauszufinden, was dem Kunden am besten geeignet erscheint, die neue multimediale Welt zu genießen.

Bild 10: Multimedia-Endgeräte

Aus früheren Erfahrungen weiß man allerdings, dass es nicht das „Universalgerät" als Standardsystem geben wird, sondern eine große Vielfalt.

Der drahtlose und mobile Zugang wird dabei wegen der wachsenden Mobilität der Menschen von erheblicher Bedeutung werden. Der PDA organisiert nicht nur den mobilen Alltag, er wird zum Kommunikator und zum interaktiven, multimedialen Informator. Das „Überallfernsehen" – so der Name für den Pilotversuch für das digitale Fernsehen in Berlin-Brandenburg – rückt damit in greifbare Nähe.

Die digitalen Systeme bringen neuen Wind in die Welt der bewegten Bilder. Ein fast unübersehbares Spektrum von Möglichkeiten wird sich dem Nutzer bieten, beginnend bei der Anreicherung „klassischer" TV-Angebote über Multi-Perspektiv-Programme, Media-on-Demand bis zu Spielen und interaktiven Informationsdiensten.

Spannende offene Medienwelt!

2 Digital Media – Eine Gestaltungsaufgabe der Politik

Kurt Beck
Ministerpräsident des Landes Rheinland-Pfalz

Wir haben in den letzten Monaten manche Depression und Widrigkeit auf dem Feld der elektronischen Medien und ihrer Verbreitung erlebt. Um so notwendiger ist es, dass man die realen Chancen und Möglichkeiten dieses Wirtschaftsfeldes aufnimmt und auf einer sachlich, fachlich fundierten Basis Zuversicht und auch Orientierung unserer Gesellschaft und unserer Wirtschaft bietet.

Hierzu möchte ich einige kurze Vorbemerkungen machen:

Ich hoffe zunächst, dass wir uns in einem kontinuierlich und vernünftig wachsenden Markt bewegen. Dies schließt Rückschläge nicht aus. Die Spreu wird sich vom Weizen trennen. Dies ist im Wirtschaftsleben so. Sache der Politik ist es, vernünftige Rahmenbedingungen zu schaffen. Dies ist für die Wirtschaft ebenso wichtig wie für die Bürgerinnen und Bürger als Nutzer. Gerade diejenigen, die nicht tagtäglich mit diesen Themenfeldern zu tun haben, müssen gewonnen werden. Wir müssen diese Bürger mit vernünftigen Konzepten gewinnen. Es kann nicht sein, dass sie allein wegen der neuen Begrifflichkeit diese Welt nicht nachvollziehen können und sich darin nicht zurechtfinden.

Meine weitere Vorbemerkung ist: Konvergenz ist nicht alles. Man kann nicht auf dem Reißbrett Gesellschaftsbilder einer konvergierenden Welt entwerfen. Man muss darauf achten, dass die Menschen im Mittelpunkt bleiben. Ihr gesellschaftliches Verhalten bei der Arbeit und in der Freizeit ist Maßstab dessen, was Multimedia zu erleichtern hat. Ansonsten wird es – wirtschaftlich gesprochen – an der Marktakzeptanz fehlen. Diese Akzeptanz kann man unterstützen. Politik und Gesellschaft sind gefordert, sich insbesondere bei der Medienerziehung und bei der Förderung der Medienkompetenz zu engagieren. Unsere Kinder müssen von Beginn an lernen, vernünftig mit dieser neuen Welt umzugehen. Sie müssen ihr Leben darin gestalten und sehen, dass es sich dabei um Hilfsmittel und nicht um Lebensinhalte handelt.

Dies alles muss der ordnungspolitische Rahmen gewährleisten. Ich habe Medienpolitik immer so verstanden, dass politische Ordnungsrahmen nicht aufgrund eigener Überzeugungen gezimmert werden dürfen, weil sie dann an der falschen Stelle oder in der falschen Größe gezimmert würden. In meiner Funktion als Bürgermeister einer Gemeinde habe ich bereits gelernt, dass es wenig Sinn macht, etwa

Gehwege schön rechtwinklig anzulegen, nur weil es besser aussieht. Die Erfahrung lehrt, dass die Leute dort gehen, wo sie es für vernünftig halten und dies ist in der Regel der kürzeste Weg. Darauf muss auch die Politik achten. Rahmenbedingungen dürfen nicht an den Bedürfnissen unserer Gesellschaft vorbeigehen. Dies heißt aber auch, dass Medienpolitik sehr wohl abgewogen sein muss. Dies setzt sie bisweilen dem Vorwurf aus: Ihr lauft ja vielen Dingen hinterher! Dies halte ich für verfehlt. Ordnungspolitik kann nur gestalten, wenn sie weiß, wo die Bedürfnisse liegen. Sie sollte weder Dinge abschneiden, die nachgefragt werden, noch sollte sie etwas vorschreiben, was den Bedürfnissen nicht entspricht.

Dies sind für mich die Leitlinien für eine gestaltende Medienpolitik, die ich gemeinsam mit meiner Kollegin und mit meinen Kollegen aus den anderen Ländern verfolge.

Nun zur Digitalisierung. Die Digitalisierung ist eine nicht mehr aufzuhaltende technische Entwicklung. Sie schreitet in allen Bereichen voran. Dies gilt sowohl im Bereich der Produktion bei den Studios als auch bei der Distribution, insbesondere bei CDs und DVDs.

Eine gewisse Ausnahme macht die Verbreitung von Rundfunk und damit von Hörfunk und Fernsehen.

Der problematischste Bereich ist das digitale Radio, DAB. DAB hat einen schweren Start. Hier ist viel Unsicherheit, viel Unklarheit für den Verbraucher entstanden. Der Vorteil des digitalen Radios ist für viele noch nicht erkennbar. Gleichwohl ist DAB eine interessante Technik, insbesondere wegen ihrer mobilen Empfangsmöglichkeiten. Die technischen Empfangsmöglichkeiten über UKW sind allerdings gut. Auch entsprechende zusätzliche Dienste werden beispielsweise über RDS angeboten. Deshalb ist die Verunsicherung groß. Die Investoren sehen das Risiko. Dies gilt sowohl für die Netzbetreiber als auch für die Radioveranstalter. Ich habe bereits angekündigt, in den nächsten Monaten eine Initiative zu diesem Themenbereich zu ergreifen. Ich werde alle Interessierten zu einem Gespräch einladen, um zu versuchen, die nächsten Schritte auszuloten. Ich meine auch bei DAB kann es gelingen, sich an die flächendeckende Einführung heranzutasten. Allerdings wird man auch in diesem Bereich der Wirtschaft ihr Investitionsrisiko und den Medienanbietern ihr Marktrisiko nicht abnehmen können. Aber ich hoffe, dass es gelingt, dieses Risiko zu minimieren. An mir als Moderator soll es jedenfalls nicht scheitern.

Sehr viel besser sieht es bei der Entwicklung im Fernsehbereich aus. Wir beginnen in Berlin/Brandenburg gerade mit der digitalen terrestrischen Ausstrahlung. Den Bereich Kabel möchte ich gegenwärtig noch außen vor lassen.

Die Länder haben die Entwicklung und Einführung des digitalen terrestrischen Fernsehens bereits seit Jahren aktiv begleitet. Bereits auf der Ministerpräsidentenkonferenz im Herbst 1997 wurden die Weichen gestellt, damit die notwendigen gesetzlichen Voraussetzungen zur Digitalisierung im Länderbereich geschaffen werden können. Die Initiative „Digitaler Rundfunk" wurde aufgrund eines übereinstimmenden Beschlusses der Bundesregierung und des Beschlusses der Ministerpräsidentenkonferenz gebildet. In ihr sind alle an der Digitalisierung Beteiligten eingebunden. Ich begrüße diesen Dialog. Es gibt viele Dinge, die man intensiv miteinander besprechen muss. Dies vermeidet Fehlannahmen und damit auch Fehlinvestitionen.

Wir gehen davon aus, dass wir den Schritt zur Digitalisierung im Fernsehbereich bei der terrestrischen Verbreitung zum Jahr 2010 vollzogen haben. Allerdings gilt es die Entwicklung aufmerksam zu beobachten. Berlin/Brandenburg ist das erste Versuchsfeld. Allerdings sind die Bedingungen dort ideal. Die Digitalisierung wird durch viele Aktivitäten unterstützt und abgefedert. Dies ist in Flächenländern so nicht darstellbar. Auch hier kann die neue Technik nicht vom Staat allein subventioniert werden.

Allerdings ist das Datum 2010 eine wichtige Zielvorgabe. Sie ist für die Medienwirtschaft und Industriepolitik in unserem Land von besonderer Bedeutung. Bund und Länder haben das heute Machbare getan. Der ordnungspolitische Rahmen steht. Ob es darüber hinaus noch weiterer gesetzlicher Grundlagen bedarf, darüber gibt es unterschiedliche Sichtweisen. Sollten weitere Regelungen notwendig werden, sind Bund und Länder hierzu sicherlich bereit. Wichtig ist aber, dass die Signale zur Digitalisierung möglichst frühzeitig gestellt werden. Damit kann sich jeder darauf einstellen, wenn er sich neue Geräte anschafft.

Die Politik ist jedoch nicht allein gefordert. Auch die Wirtschaft muss dringend darauf hinwirken, dass in etlichen Jahren Geräte auf dem Markt sind, die sowohl digital als auch analog empfangen können. Diese Geräte müssen entsprechend beworben werden. Den Menschen muss klar sein, dass das analoge Zeitalter ausläuft. Sie müssen sich darauf einrichten können. Wenn wir dann entsprechende Größenordnungen bei der Produktion von Endgeräten erreichen, bin ich der festen Überzeugung, dass wir auch in Preisregionen vorstoßen, die den Umstieg für unsere Bürgerinnen und Bürger erleichtern. Dies setzt neben den Endgeräten natürlich auch die Verbreitung entsprechend attraktiver Angebote in der jeweiligen Region voraus.

Ferner müssen wir darauf achten, dass die digitale Verbreitung nicht in Verruf gerät. Da war sicher die digitale Nichtübertragung der letzten Fußballweltmeisterschaft ein Negativbeispiel. Das darf sich 2006 nicht wiederholen. Es darf nicht der Eindruck entstehen, wer die neue Technik rasch annimmt ist der Dumme. Dann sind alle unsere Bemühungen umsonst.

Dies sind für mich die derzeitigen Ausgangsbedingungen. Daran schließt sich die Frage an: Macht das alles Sinn? Was steckt hinter dem Aufwand für eine digitale terrestrische Verbreitung als strategische Überlegung. Wir haben den Verbreitungsweg Satellit, wir haben das Kabel. Also warum ein weiterer Übertragungsweg? Um es vorweg zu nehmen, ich glaube, dass diese Entscheidung sehr wohl Sinn macht. Die Digitalisierung des terrestrischen Hörfunks und Fernsehens schafft eine weitere nationale unabhängige technische Infrastruktur. Die Abhängigkeit von nicht dem deutschen Medienrecht unterliegenden Unternehmen entfällt. Wir können damit in Deutschland unseren Weg medienpolitisch und medienwirtschaftlich zusätzlich absichern. DAB und DVBT sind europäische Systeme, die auch bereits außerhalb Europas akzeptiert sind. Wir müssen diese Systeme stabil machen und ihren Betrieb wirtschaftlich absichern. Ein industriepolitischer Schub für unsere Wirtschaft und unsere Technologie kann sich daraus ergeben. Wir sollten solche Chancen nutzen. Seit Einführung des Farbfernsehens ist ein solcher industriepolitischer Schub beim Rundfunk in Deutschland nicht mehr gelungen.

Ein für mich ebenso wichtiger Aspekt ist die Einbeziehung von Gruppen unserer Gesellschaft, denen der Zugang zu den neuen Medien schwerfällt. Ich denke hier insbesondere an gehörlose und blinde Menschen. Dies mag zwar nur ein Nebeneffekt sein, aber man sollte ihn nicht klein reden. Die digitale Möglichkeiten bieten eben auch Chancen, diese Menschen an die neue Welt besser heranzuführen.

Nun möchte ich mich einem weiteren Verbreitungsmedium zuwenden, das in Deutschland große Bedeutung hat: Den Kabelnetzen. Ich vermag Ihnen auch nicht zu sagen, wie es im Kabel weitergehen soll. Zwar stehen für einen Verkauf der Netze der Telekom neue Interessenten zur Verfügung. Ich fürchte allerdings, dass wir auf den groß angekündigten Ausbau der Kabelnetze und ihre Multimediafähigkeit doch noch einige Zeit warten müssen. Lange Zeit wird die Verbreitung klassischer Fernsehprogramme der Weg sein, auf dem die Kabelnetzbetreiber ihr Geld für Brot und Butter verdienen müssen. Bevor es hier nicht zu vernünftigen Einnahmen kommt, werden auch Rückkanäle und andere technologischen Entwicklungen im Kabel auf sich warten lassen. Die Unternehmen werden nicht die Kraft haben zu investieren.

Ich hatte gerade in dieser Woche ein Gespräch mit Verantwortlichen der Deutschen Telekom. Ich habe dabei versucht deutlich zu machen, dass wir ausländischen Anbietern nicht die Türen verschließen. Was allerdings bedenklich ist und was wir vermeiden müssen ist, dass nach dem Monopolunternehmen Deutsche Telekom nunmehr ein Kabelnetzbetreiber ein technisches Monopol errichtet. Dies wäre schlimmer als alljenes, was wir bei Deutscher Post und Telekom jemals erlebt haben. Es kann nicht sein, dass bis auf die letzte Netzebene der Netzbetreiber bestimmt, welche Telefondienste, welche Internet- und sonstige Telekommunikationsdienste ich nutzen darf und welche nicht. Die Technik darf vielfältige Nutzungsmöglichkeiten nicht verhindern. Sie muss kompatibel sein zu vielen Nutzungen. Ob MHP dies auf Dauer sicherstellen kann, möchte ich offen lassen. Dies kann ich technisch nicht hinreichend beurteilen. Auf jeden Fall muss es ein in Europa kompatibles System sein. Sonst werden Entwicklungen behindert. Dies sind einerseits Entwicklungsmöglichkeiten für die Wirtschaft, der sonst neue Wertschöpfungsketten beschnitten würden aber auch zusätzlichen Informationsmöglichkeiten für unsere Bürgerinnen und Bürger.

Auch hier meine ich, der Konsens aller ist wichtig. Dabei spielt für mich die Initiative „Digitaler Rundfunk" wiederum eine wichtige Rolle. Dort muss Basis der Zusammenarbeit aller Beteiligter sein, die Digitalisierung voranzutreiben und hierzu auch Bereitschaft zum Konsens und zum Kompromiss zu zeigen. Gelingt dies nicht, wird es zum Nachteil vieler gereichen.

Ich möchte hier nicht falsch verstanden werden. Gespräche und Kompromissbereitschaft aller können den medienpolitischen Rahmen nicht ersetzen. Man solle ihn jedoch nicht zum Vorwand dafür nehmen, bestimmte Entwicklungen aus wirtschaftlichen Gründen nicht mehr vorantreiben zu wollen. Ich kann insofern die vielerorts geäußerte Kritik nicht akzeptieren. Es gibt diese ordnungspolitischen Hemmschwellen in Deutschland nicht, zumindest nicht in den Dimensionen wie es einem manchmal entgegen gehalten wird.

So haben die Länder bereits vor Jahren den Rundfunkstaatsvertrag ergänzt. Sie haben eine Bestimmung aufgenommen, wonach Programmveranstalter und Netzbetreiber Vertrauensschutz haben, sofern sie bisher bereits analoge Programme verbreitet haben. Diese Veranstalter genießen den Vorzug bei der Zuweisung von Übertragungskapazitäten im digitalen Bereich. Dies ist für mich ein Gebot der Fairness und ein Gebot des Ausgleichs der Interessen. Dies gilt nicht nur für die Veranstalter und Netzbetreiber, sondern auch gerade für unsere Nutzerinnen und Nutzer, denen ansonsten ihre gewohnten Programme entzogen werden. Geld allein darf nicht die Welt regieren.

Was die Balance im dualen System zwischen privaten und öffentlich-rechtlichen Anbietern angeht, haben wir uns auf ein Fünfzig-Fünfzig-Modell verständigt. Die Übertragungskapazitäten sollen gleichgewichtig öffentlich-rechtlichen und privaten Anbietern zugänglich sein. Dies erscheint mir zum jetzigen Moment eine anständige und faire Grundlage zu sein.

Allerdings darf es auf der anderen Seite auch nicht beim Engagement des öffentlich-rechtlichen Rundfunks allein bleiben. Auch die privaten Anbieter müssen die von der Ordnungspolitik vorbereiteten Pfade beschreiten. Der klassische Rundfunk muss der Wegbereiter der Digitalisierung sein. In unserer jetzigen Medienlandschaft gehört dazu der öffentlich-rechtliche ebenso wie der private Rundfunk.

Diesen Zusammenhang sollten auch die privaten Anbieter nicht aus dem Auge verlieren. Stetige Anwürfe in Richtung öffentlich-rechtlicher Rundfunk sind verfehlt. Wir haben eine entsprechende Programmermächtigung für ARD und ZDF bereits im Rundfunkstaatsvertrag. Sie gewährt dem öffentlich-rechtlichen Rundfunk Entwicklungsmöglichkeiten, setzt ihm aber auch bestimmte Grenzen. Sie dürfen ihren Vorteil als Netzbetreiber und Programmanbieter nicht zu Lasten einer offenen Marktentwicklung nutzen. Ich meine, dabei handelt es sich um vernünftige Regelungen. Bestand und Entwicklung des öffentlich-rechtlichen Rundfunks sind gesichert, gleichzeitig sind jedoch Grenzen gesetzt.

Diese Grenzen halte ich auch im Hinblick auf unser europäisches Rechtssystem für erforderlich. Es ist für mich durchaus nachvollziehbar, dass das EU-Recht fordert, die Betätigungen öffentlicher Anbieter auf eine sachlich nachvollziehbare Grundlage zu stellen. Dabei geht es nicht um eine Beschneidung des öffentlich-rechtlichen Rundfunks. Vielmehr geht es um eine nachvollziehbare Beschreibung seines Funktionsauftrages. Wir haben hierzu die Gespräche mit allen Beteiligten, insbesondere mit ARD und ZDF aufgenommen. Ich hoffe, dass wir auch hier zu vernünftigen Lösungen und zu einer entsprechenden Formel finden.

Eines ist für mich in diesem Zusammenhang aber auch klar: Es wird immer schwieriger auf dem Werbemarkt Geld zu verdienen. Wir sind in einem Prozess sich ändernder Strukturen. Dies betrifft klassische Printmedien ebenso wie die Werbung bei öffentlich-rechtlichen und privaten Anbietern im Rundfunk. Natürlich sind die privaten Anbieter besonders betroffen, da sie sich fast ausschließlich aus Werbung finanzieren. Gleichwohl bin ich der Auffassung, dass auch in dieser schwierigen Zeit Werbung beim öffentlich-rechtlichen Rundfunk notwendig ist. Ein Werbeverbot passt nicht in unsere Wirtschaftsordnung. Auch öffentlich-rechtliche Anbieter müssen sich in diesem Markt bewegen. Auch sie müssen zwar nicht ausschließlich, aber auch auf die Akzeptanz der Zuschauerinnen und Zuschauer achten. Ganz nebenbei wäre eine Rundfunkgebührenerhöhung von ca. 2,00 € pro Monat erforderlich, um bei einem Werbeverbot die entsprechenden Einnahmerückgänge auszugleichen.

Woran wir vielmehr denken sollten, ist eine Neuordnung unserer Rundfunkgebühr insgesamt. Hierzu laufen die entsprechenden Vorarbeiten. Zu denken ist etwa an eine Gebühr, die statt für ein Endgerät nur noch für einen Haushalt im privaten Bereich und eine Betriebsstätte im nichtprivaten Bereich erhoben wird. Dies macht vieles einfacher, aber auch gerechter. Gleichzeitig muss jedoch die Gebührenerhebung und die Gebührenehrlichkeit verbessert werden. Der Datenschutz oder das Geschäftsgeheimnis kann nicht dazu führen, dass sich viele vor der Gebührenpflicht drücken. Wir werden jedenfalls unbeirrt diesen Weg fortsetzen. Dabei werden wir noch etliche Schlaglöcher durchfahren, aber mir scheint es ein vernünftiger Weg zu sein.

Ein weiterer wichtiger Bereich für mich ist die Absicherung unseres Rundfunksystems auf europäischer Ebene. Alle Mitgliedsstaaten haben im Zusammenhang mit dem Vertrag von Amsterdam eine Protokollerklärung zum öffentlich-rechtlichen Rundfunk abgegeben. Diese besagt, dass die EU nicht in die Ausgestaltungsfreiheit der Mitgliedsstaaten in diesem Bereich eingreifen darf. Diesen Standard gilt es auch bei der Diskussion um eine europäische Verfassung abzusichern. Wir werden deshalb die Diskussion im Verfassungskonvent aufmerksam verfolgen. Entsprechende Initiativen habe ich bereits gegenüber meinem Kollegen Teufel als Vertreter der Länder im Konvent und gegenüber Herrn Bundesaußenminister Fischer ergriffen.

Ein weiterer wichtiger Bereich auf europäischer Ebene ist für mich der freie Zugang unserer Bürgerinnen und Bürger zum Fernsehen. Dies schließt zum einen den diskriminierungsfreien Zugang zu Fernsehangeboten ein, zum Beispiel über die Verpflichtung für offene Schnittstellen oder diskriminierungsfreie Basisnavigatoren mit neutralem Zugriff auf alle Programmanbieter. Entsprechende Ansätze sind nunmehr in den Telekommunikationsrichtlinien der EU enthalten.

Zum anderen sind jedoch auch die Fragen des grenzüberschreitenden Fernsehens in Europa angesprochen. Damit kommen wir zu schwierigen Fragen des Urheberrechts und einem vernünftigen Umgang mit geistigem Eigentum. Wir können es in Europa nicht hinnehmen, dass statt früher staatlicher Grenzen nunmehr neue technische Grenzen gezogen werden. Bisher frei zugängliche Informationen müssen auch weiterhin frei zugänglich sein. Es ist eben gerade der Vorteil unseres grenzüberschreitenden Fernsehens, sich frei über Angebote in anderen europäischen Ländern informieren zu können. Zwar erkenne ich auch das Bedürfnis der Anbieter und Urheber, ihre Wertschöpfungen zu erhöhen. Jedoch brauchen wir urheberrechtliche Ansätze für ein anständiges Umgehen miteinander. Wir dürfen in Europa keine mediale Kleinstaaterei betreiben. Hier ist die europäische Medienordnung gefordert, verantwortbare Lösungen zu finden.

Wenn dies gelingt, haben wir eine europäische Medienordnung, die gestuft und auf die Bedürfnisse aller Beteiligten zugeschnitten ist. Auf den verschiedenen Ebenen werden die dort notwendigen Vorgaben gemacht. Das alles muss selbstverständlich auch auf übereuropäischer Ebene abgesichert werden. Dies gilt für die eben angesprochenen Bereiche ebenso wie etwa für die Sicherung der Meinungsvielfalt und des Pluralismus. In dieser Hierarchie wird auf derjenigen Ebene das geregelt, was dort am Vernünftigsten zu regeln ist. Die Ausgestaltung unserer freiheitlichen Ordnung mit Meinungsvielfalt und Pluralität ist dabei für mich Sache der Länder. Dies schließt eine Zusammenarbeit mit dem Bund und eine Wechselwirkung auf die europäische Ebene nicht aus.

Allerdings muss man zunehmend erkennen, dass auch eine europäische Sicht der Dinge zu kurz greift. Dies meine ich gerade vor dem Hintergrund der Verbreitung von Angeboten über das Internet. Hier gibt es Werte und schutzwürdige Belange, die über die Europäische Union hinaus abgesichert werden müssen. Meine Hoffnung ist, dass es irgendwann einmal gelingen wird, hierzu eine internationale Konferenz einzuberufen. Bestimmte Auswüchse müssen nach dem jeweiligen nationalen Recht verfolgt und unter Strafe gestellt werden. Zu diesem Zweck habe ich gerade in Mainz eine europäische Vorkonferenz der UNESCO für den Weltgipfel zur Informationsgesellschaft 2005 in Genf durchgeführt. Diese hat zuminderst erste Ansätze in diese Richtung erbracht.

Ich habe versucht, einige Gedanken, einige Eckpunkte anzusprechen. Vieles musste unerwähnt bleiben. Abschließend möchte ich nochmals klar betonen, dass ich meine Aufgabe darin sehe, einen Ordnungsrahmen zu schaffen, der möglichst nichts behindert, der aber auch klare Orientierungspunkte gibt. Erkannten Fehlentwicklungen muss entgegengewirkt werden. Darum sollten wir uns gemeinsam bemühen. Ich bedanke mich sehr herzlich, dass ich die Gelegenheit hatte, Ihnen einige meiner Gedanken vorzutragen.

3 Internet und digitales Fernsehen

Dr. Günther Struve
ARD, München

Das Motto dieser Konferenz „Quo vadis – Fernsehen?" verleitet zur Gegenfrage: Habt Ihr denn immer noch nicht genug von den Orakeln? Habt Ihr noch nicht genug Prognosen in den letzten Jahren gehört? Darf es noch ein verbranntes Milliönchen, was heißt Milliönchen, Milliardchen mehr sein? Das Bemerkenswerte an der gegenwärtigen Situation, am gegenwärtigen Status der Informationsgesellschaft ist allenfalls ihr akuter Zustand der Verwirrung. Bislang war jedenfalls fast alles falsch, was hoch bezahlte Analysten, Experten, Marktforscher und auch Konferenzveranstalter über die Zukunft der Medien zum Besten gaben. Falsch wie A von ARD bis Z wie ZDF. Nein: Das Internet hat das Fernsehen nicht verdrängt. Nein: Spartenkanäle haben Vollprogramme nicht obsolet gemacht. Nein: Der Zuschauer nutzt weder Rückkanäle noch zeitversetzte Programme von der Festplatte; nicht einmal gestreamte Videos. Und nein: Er findet auch keinen richtigen Geschmack am Pay TV. In diesen Jahren des Aufbruchs vollbrachten falsche Prognosen vor allem eines: Sie enttäuschten Hoffnungen, ruinierten Existenzen, vernichteten Sparguthaben. Die Bilanz in den Endtagen des Neuen Marktes erscheint mir so unerfreulich, dass ich keine Neigung verspüre, mich jetzt noch als Nachhutpythia in dessen unrühmliche Geschichte einzutragen.

Wenn also im folgenden zu den Zukunftstechnologien Internet und digitales Fernsehen Stellung genommen wird, dann möchte ich zuallererst von konkreten Erfahrungen sprechen, auf die wir heute zurückgreifen können und auf die wir dann auch aufbauen werden; auch von Herausforderungen, die der Strukturwandel an den öffentlich rechtlichen Rundfunk stellt. Wenn ich mich in diesem Zusammenhang, und nur in diesem Zusammenhang, der Zukunft des Fernsehens zuwende, will ich nichts vorhersagen, sondern Ziele formulieren, die wir als Unternehmen ARD – aber das gilt auch für unseren geliebten Bruder in Mainz – erreichen wollen. Ob uns das gelingt, hängt in erster Linie vom Geschick der Handelnden ab und nicht von einem statistisch errechneten Fatum.

Fernsehen und Internet: Es mag paradox erscheinen, aber mitten im Crash und durch ihn beginnt sich das Internet zu konsolidieren. Den gegenwärtig noch immer düster grau gestimmten Analysten mag es zwar schon wieder entgangen sein, doch mitten im tiefsten Konjunkturtief beginnen einige Internetfirmen plötzlich schwarze Zahlen zu schreiben. Ich könnte Ihnen Beispiele nennen, aber wir können in der Diskussion diese Beispiele nachreichen. Es ist nichts Spektakuläres, was da an Gewinn gemacht wird. Es ist nur ans Tageslicht gekommen, was in der Old Economy schon immer galt: Dass Märkte in ihrem Aufnahmevermögen endlich sind, determiniert von der Lage, d.h. von der Auffindbarkeit des Anbieters im Netz und von der Zahlungsbereitschaft des Publikums. Als das Internet noch täglich um rund eine Million Websites anwuchs, musste eigentlich jedem das Risiko klar geworden sein. Nur wenige Anbieter würden ihre Kundschaft finden. Die jüngste Online-Studie von ARD und ZDF, ein paar Monate alt, macht deutlich, wie sehr sich der durchschnittliche Internetnutzer mittlerweile vom Klischee des Idealonliners unterscheidet und stattdessen Otto Normalverbraucher geworden ist und ihm immer ähnlicher wird. 86 % der Nutzer surfen nicht, sondern geben gezielt eine Adresse ein und suchen routinemäßig immer dieselben Anbieter auf; eine Handvoll oder 10, das kommt ganz auf die persönliche Kraft und die persönliche Neigung an. Entsprechend gering ist auch die Zahl der aufgesuchten Homepages pro privater Internetnutzung, im Schnitt 6 Seiten pro Sitzung. Diese persönlichen Fixpunkte dienen vor allem der Reduktion von Komplexität im Netz, so heißt es in unserer schönen Studie im besten Soziologendeutsch, d.h. es gibt auch im Internetmonopoly trotz der unbeschränkten Zugangsfreiheit nur eine Schlossallee mit nur wenigen ertragreichen Positionen. Damit war die brutale Auslese vorprogrammiert, die nur wenige Anbieter überleben konnten. Diese profitieren nun von der wachsenden Vertrautheit des Publikums mit dem Netz.

Die Erfolgsrezepte der Sieger – es sind nur drei – klingen eher banal.
1. Sie orientieren sich am Alltagskunden und nicht am technikbesessenen Early Adopter.
2. Es ist ihnen gelungen, eine bekannte Marke zu etablieren oder eine bestehende starke Marke mit ins Netz zu bringen.
3. Sie treten nicht und nie in frontale Konkurrenz zur etablierten Wirtschaft, sondern ergänzen traditionelle Vertriebswege und bieten dabei überzeugenden Mehrwert.

Das bedeutet nicht, dass der Strukturwandel, der vom Internet ausgeht, in seinen Auswirkungen auf die Old Economy unterschätzt werden darf. Wo die Angebotsformen und die Angebotspreise des Internets den traditionellen Vertriebsmethoden überlegen sind, werden die Folgen nicht auf sich warten lassen. Stellenanzeigen beispielsweise sind im Internet preiswert und werden dank cleverer Suchmaschinen eher von den richtigen Leuten wahrgenommen als in den Printmedien. Hier könnte beispielsweise den Tageszeitungen auf Dauer eine wichtige Einnahmequelle wegbrechen und aus der Konjunkturkrise könnte in der Tat eine Strukturkrise werden. Wir sehen das schon heute teilweise dramatisch und teilweise hier auch in unmittelbarer Nachbarschaft zu diesem schönen Hotel.

Für das Verhältnis von Internet und Fernsehen gilt grundsätzlich nichts anderes. Die Akzeptanz unseres Angebots beruht in erster Linie auf dem hohen Bekanntheitsgrad der zu Markenzeichen gewordenen Sendungen. Um erneut die Online-Studie, für die wir viel Geld bezahlt haben, zu zitieren: „Das Interesse der Internetnutzer an den

Webangeboten von Radio- und Fernsehsendern zeigt einen ganz deutlichen Image- und Markentransfer der Radio- und Fernsehsendungen auf die nachgefragten Internetseiten." Ganz oben in der Präferenzliste rangieren Angebote, die für Radio und Fernsehen auch ansonsten stehen: Information und Nachrichten. Von Radio und Fernsehen kennt man die Markenprodukte im Informationsbereich und überträgt das gelernte Produktversprechen auf das Internet. Nicht anders ist es bei Ratgebern und Serviceinformationen. Auch hier werden die bekannten Marken von Radio- und Fernsehsendungen im Netz wieder aufgesucht. Die hohen Zugriffsraten auf die Homepages Tagesschau.de und DasErste.de belegen dies. Die schon in der Namensgebung erkennbar sendungsbegleitenden Angebote sind weitaus erfolgreicher als jene Portale, die nur unter einer thematischen, d.h. abstrakten Beschreibung ihre Inhalte firmieren.

Ein Weiteres verdient festgehalten zu werden: Das Kernprodukt Fernsehen und die Zusatzangebote im Internet ergänzen einander. Viele Zuschauer empfinden im Kontext einzelner Sendungen das Bedürfnis weiterführende Informationen zu erhalten. Besonders nach der Einblendung entsprechender Hinweise im Programm steigen die Zugriffe auf die Internetangebote von ARD und ZDF. Das gilt aber auch für RTL, SAT1 und Pro7. Andererseits geben viele junge Internetnutzer zwischen 14 und 19 Jahren an, sie würden aufgrund ihrer Internetnutzung mehr Nachrichten im Radio und Fernsehen hören und sehen, selbst wenn sie dazu früher keinerlei Affinität haben erkennen lassen. Völlig widerlegt ist die immer wieder aufgestellte Behauptung, dass das Internet das Fernsehen verdrängen würde. Es gab hierfür noch niemals einen Anhaltspunkt. Auch die jüngsten Zahlen belegen: Während im Jahr 2002 die durchschnittliche Verweildauer der Internetnutzer um 35 % gestiegen ist, bezogen auf die gesamte Bevölkerung über 14 Jahren auf 35 Minuten täglich, blieb der Fernsehkonsum in Deutschland mit 205 Minuten pro Tag im statistischen Durchschnitt völlig stabil. Internet hat nicht einmal eine Sekunde genommen, allerdings auch keine Sekunde gebracht.

Komplementär sind auch die Ansprüche an den Inhalt der Internetseiten von Fernsehsendern. Fragt man nach dem erwarteten Nutzen, so wünscht sich die Mehrheit ein speziell auf das Internet aufbereitetes zusätzlich programmbegleitendes Angebot. Weniger als 1/3 wünscht sich beispielsweise die TV- oder Radio-Nachrichten. 60 % dagegen wollen ein speziell für das Internet aufbereitetes Angebot mit Text, grafischen Elementen und Ausschnitten aus den Originalberichten. Überwältigend ist dabei der Wunsch nach vertiefenden Informationen. 85 % der Internetnutzer finden auf den entsprechenden Seiten zusätzliche vertiefende Links gut oder sehr gut.

All dies lehrt einiges für die Zukunft. Radio- und Fernsehinhalte 1:1 im Internet abzubilden und Internetseiten 1:1 auf den Fernsehschirm zu holen, verspricht mit höchster Sicherheit zu scheitern. Erste Erfahrungen deuten auch darauf hin. Nicht nur blieben Fernseher ein Ladenhüter, die im Hybridbetrieb Internetzugang boten, auch ausgereiftere Systeme wie Web-TV, das diskret im Onlinedienst MSN versank und AOL-TV, das vor 3 Jahren pompös startete und heute nicht mehr aktiv vermarktet wird, bieten nicht entfernt, was die Businesspläne von ihnen erwarteten. Auch die sog. Lifestreams fanden nur wenig Zuspruch, und das hat nicht nur mit der schrecklichen Qualität des in Echtzeit durch die Telefonleitung gepressten Fernsehbildes zu tun. Dies könnte sich im Zeichen des Ausbaus der Netze durchaus bald verbessern. Es besteht aber für diese Übertragungen im Netz kein Bedarf, wie das Schicksal der Web-Radios illustriert.

Für die Technik der Tonübertragung wurde das goldene Internetzeitalter schon längst eingeläutet. Web-Radios mit brauchbarer Wiedergabequalität gehören schon seit einiger Zeit zum Weichbild des Internets. Doch auch hier bleiben die Erfolgsmeldungen bisher jedenfalls aus. Nach all dem Hype um die Killerapplikation Web-Radio haben es sich heute nur 160.000 Menschen in Deutschland zur Gewohnheit gemacht, täglich über das Internet Radio zu hören. Ein Wert, der in Anbetracht der rund 50 Millionen Hörer, die auf konventionellem Weg, und konventionell heißt immer noch auf UKW, täglich ihr Hörfunkprogramm einschalten, verschwindend gering ist.

Zwischenfazit: Nach der technischen Konvergenz, die multifunktionale Geräte hervor gebracht hat, ist vom inhaltlichen Verschmelzen der grundverschiedenen Medien Radio, Fernsehen einerseits und Internet andererseits nicht das Geringste zu verspüren. Der Fehler war: Man hatte den Bedarf nach anderen Nutzungsmustern stets nur aus der Gruppe der Early Adopters hochgerechnet. Demnach wäre bald ein neues Menschengeschlecht über uns gekommen. Doch Otto Normalverbraucher liebt seine Gewohnheiten und braucht verdammt gute Gründe, wenn er von ihnen abgehen sollte. Die haben die Internetbetreiber bislang noch nicht geboten und deshalb erwiesen sich vor allem jene Angebote im Netz als erfolgreich, die ihre Kunden so akzeptieren wie sie sind. Und daran sind Radio und Fernsehen natürlich seit langem gewöhnt.

So fällt die strategische Positionsbeschreibung der ARD zum Internet recht lapidar aus. Wir sehen in ihm eine wertvolle Ergänzung unseres Kerngeschäfts, in dem wir den Hörern und Zuschauern zusätzliche Inhalte anbieten, die sie individuell abrufen und nutzen können. Diese Art der Personalisierung kann eine klassische Rundfunkdarbietung nicht leisten. Hier ist ein echter Mehrwert. Die Formen des Internetangebots werden sich ganz gewiss noch erweitern. Audiovisuelle Inhalte on Demand werden hinzukommen, mobile Endgeräte zunehmend einbezogen. Wo es Sinn macht werden die öffentlich rechtlichen Anstalten diese Entwicklung aktiv mitgestalten. Eines werden die Internetdienste aber in absehbarer Zeit nicht erreichen; aus physikalischen und ökonomischen Gründen: die Effizienz, mit der Radiosignale eine große Anzahl Menschen gleichzeitig mit Programmen versorgen. Das Publikum hält entgegen aller Vorhersagen diesen linearen Programmen mit ihren altmodischen Zeitzwängen die Treue, vielleicht, weil ein solches Programm im neudeutschen Sinn auch „Event" genannt werden könnte oder auch – ich traue mich kaum, es zu sagen – „Gemeinschaftserlebnis", so wie gestern Abend wieder (leider im ZDF) Deutschland gegen Holland. Deshalb ist die Sorge nicht angebracht, Radio und Fernsehen könnten den Wettbewerb mit dem Internet verlieren – ganz im Gegenteil.

Zweitens: Digitales Fernsehen. Oberflächlich betrachtet steht es um das digitale Fernsehen weitaus schlechter als um das Internet. Nicht nur in Deutschland stagniert seine Verbreitung, europaweit sind von einer Ausnahme (BSkyB in Großbritannien) abgesehen, fast alle digitalen Plattformen ins Schleudern geraten. In Großbritannien gab ITV Digital auf. Die Kabelbetreiber NTL und Telewest häuften milliardenschwere Schulden auf und sind de facto insolvent. In Spanien stellte die terrestrische Plattform Quiero TV ihren Betrieb unlängst ein. Die verlustreichen Satellitenplattformen Canal Satellite und Via Digital suchen verzweifelt die Fusion. In Italien wurden die beiden bodenlosen Fässer Stream und Telepiù mittlerweile an Ruppert Murdoch verkauft, der in Europa die einzige digitale Plattform betreibt, die im operativen Geschäft profitabel ist. Was in Deutschland geschehen ist, brauche ich Ihnen nicht weiter zu erläutern.

Die jüngste Pleitewelle im digitalen Fernsehen ist Ausdruck irriger ökonomischer und technischer Konzeption, die gleichsam den zum Internet entgegen gesetzten Pol bildeten. Die Betreiber digitaler Plattformen versuchten, alles zu kontrollieren; Inhalte, Technik, Betrieb, Vertrieb, den Markt, den Kunden, und sie übernahmen sich dabei. Die vertikale Integration entfaltete eine geldverschlingende Komplexität, die mit zentralistischen Methoden nicht mehr beherrschbar war. So erschien es eher ein Ausdruck von Panik als unternehmerischer Weitsicht zu sein, dass die Programmstrategen das störrische Publikum mit Gewalt in ihre neue Welt der 100 Spartenkanäle treiben wollten und dabei versäumten, neue Kunden mit überzeugendem Mehrwert anzulocken. So wurde es in der Öffentlichkeit partout nicht unter Fortschritt verbucht, dass plötzlich attraktive Sendungen – die Fußballweltmeisterschaft z.B. – aus dem frei zugänglichen Fernsehen ins Pay TV abwanderten, sondern wurde fast ausnahmslos als Ärgernis abgebucht. Untermauert wurden die fatalen Programmkonzepte durch eine eigens für diese Plattform und diese Zwecke geschaffene Sende und Empfangstechnik. Der Aufbau vertikal integrierter Plattformen wurde also mit proprietärer Technik gegen Konkurrenten abgesichert und hatte zum Ziel, die Kunden allein an das Angebot der betreffenden Plattform zu binden. Die eingesetzten Settop-Boxen verstehen hier nur die Signale der betreffenden Plattform und ignorieren alles andere. Der Kunde kann nicht mit demselben Gerät zwischen den Plattformen wählen, sondern bleibt empfangstechnisch an seinen Betreiber gefesselt. Besonders das ist ein empfindlicher Rückschritt. Herr Beck hat so etwas Ähnliches auch gesagt hinsichtlich der gewohnten Standards der analogen Rundfunkwelt. Schlimmer noch, es ist ein gewollter Rückschritt, willkürlich dem Publikum auferlegt, um seine, nämlich des Publikums, Zahlungsbereitschaft zu erhöhen.

Die mutwillige Fragmentierung der Märkte schlug allerdings, Gott sei Dank, auf ihre Erfinder zurück. Sie hat sich nicht gerechnet. Insbesondere versperrte die gleichsam feste technische Installation des eigenen Businessmodells in den plattformeigenen Geräten den Zugang zum kreativen Potenzial der Medienbranche, die an Ideen und Entwicklungen etwa zum interaktiven Fernsehen sich in Deutschland kaum entfalten konnte. Interaktives Fernsehen – das klingt schon nicht besonders gut, insbesondere im Lichte dessen, was ich bereits zum Internet gesagt habe: Fernsehen wird passiv rezipiert, und Umfragen haben bislang noch keinen Bedarf nach Interaktivität nachgewiesen. Deshalb sollte man sich also um das interaktive Fernsehen Sorgen machen, für die nächsten 10 Jahre jedenfalls. Länger will und kann ich nicht denken. Der „Lean-Back", der vorwiegend passive Zuschauer, wird bleiben.

Und dennoch, dies gilt auch für eingefleischte Skeptiker wie mich, müssen wir uns um das interaktive Fernsehen Sorgen machen, denn die Technologie einer digitalen Programmplattform enthält auch jene Elemente, die Interaktivität ermöglichen. Die proprietären kommerziellen Plattformen nutzen diese Application Programing Interfaces(API) wie auch das Verschlüsselungsverfahren als die hohle Gasse, durch die alle Programmanbieter müssen. Dort haben sie sie fest im Griff. Auch dann, wenn ein Sendeveranstalter gegenwärtig keine interaktiven Programme anbietet, sollte er sich zweimal überlegen, ob er einem kommerziellen Plattformbetreiber die Kontrolle über das API überlässt. Die ARD hat sich im Fall Kirch verweigert. Die BBC hat Ruppert Murdochs BSkyB als technische Plattform akzeptiert mit scheinbar besten Abmachungen. BBC 1und BBC 2 sollten stets die ersten Plätze im elektronischen Programmführer von BSkyB belegen. Dann aber geschah es. Während ARD und ZDF in völliger Autonomie ihre eigenen elektronischen Programmführer entwickelten, empfand BSkyB die neuen digitalen Kanäle der BBC, BBC Choice, BBC News 24, etc. als unerwünschte Konkurrenz etwa zu Sky News und machte deshalb genau das, was ein kommerzieller Anbieter tun muss: Er machte die Angebote der BBC unauffindbar im Dickicht seiner mehreren hundert Titel umfassenden Liste. Sie blieben dem Publikum auch bis heute praktisch verborgen. Als deshalb die BBC daran ging, selbst das API zu nutzen und einen elektronischen Programmführer zu entwickeln, der alle eigenen Programme anzeigt, um diese per Knopfdruck direkt zugänglich zu machen, verhängte der gestrenge Hausherr der Plattform, Rupert Murdoch, der öffentlich-rechtlichen Konkurrentin ein Programmierverbot. Das direkte Umschalten auf weitere Angebote der BBC Senderfamilie wurde verhindert. Damit ist die Entwicklung der Familie natürlich hart gehandicapt.

Für ARD, ZDF und in diesem Fall kann ich endlich einmal sagen und für ihre Mitstreiter, mittlerweile Mitstreiter, RTL, Pro7, SAT1 und Premiere stellt sich die Frage ähnlich, wenn heute über die Kabelnetze und die technischen Standards geredet wird. Es gilt, den Zugang allen Sendern weit offen zu halten, wer immer auch die Netze erwerben wird. Dazu gleich mehr.

Einige Worte noch zur Interaktivität. Natürlich kommen wir im digitalen Fernsehen ohne interaktive Anwendungen nicht mehr aus. Vom elektronischen Programmführer war eben schon die Rede. Es gibt aber auch Hinweise, dass bestimmte Formen einer sendungsbegleitenden Interaktivität durchaus von einem Teil des Publikums geschätzt werden.

Einige Vorläufer sind uns im analogen Fernsehen längst begegnet:
a) Die Partizipation an Unterhaltungsshows mit dem Ted wird regelmäßig von Tausenden wahrgenommen.
b) Der Videotext gestattet den Abruf von Programminformationen und Nachrichten. Er hat sich seit langem fest etabliert.
c) Call-in-Sendungen, wie sie das Radio seit jeher anbietet, gehören zu den erfolgreichen Angeboten von Phoenix, einer Gemeinschaftsaufgabe von ARD und ZDF.
d) Erinnern Sie sich noch an den „Goldenen Schuss" mit Lou van Burg? Die spannende Frage, ob das von einem Zuschauer telefonisch ferngesteuerte Armbrustprojektil sein Ziel trifft? Oder die ZDF-Show „Wünsch Dir was", in der ganze Städte kollektiv Klospülungen und Lichtschalter betätigten?

All dies lässt ahnen, dass es potenziell erfolgreiche Sendeformate geben kann und wie sie gestaltet sein sollten. Die Interaktivität sei so einfach zu bedienen, dass sie die Lean Back-Position des Zuschauers nicht stört. Die Engländer haben eine wunderbare Sprache, aber auch wunderbare Möglichkeiten, die wir nicht haben – „Lazy Interactivity", übersetzen Sie das einmal ins Deutsche: faule Interaktivität, entsetzlich: Diese sei so sehr in die Sendung integriert, dass sie völlig intuitiv wahrgenommen wird. So greife man durch die Sendung stimulierte Interessen auf und gestattete es dem Zuschauer, an der Sendung teilzunehmen. Quiz, Voting, abstimmen also; oder man biete stets abrufbare Informationen über das Programmangebot, den elektronischen Programmführer; oder von allgemeinem Interesse: digitaler Videotext, ein stets abrufbarer aktueller Wetterbericht, vielleicht sogar regionale Vorhersagen.

Bald sind derartige Anwendungen den Zuschauern so vertraut, dass sie als Interaktivität gar nicht mehr wahrgenommen werden. Dies veranschaulicht eine Umfrage der französischen Digitalplattform TPS, deren niederschmetternder Teil ergab, dass die Kunden keinerlei Interessen an Interaktivität hätten und überwiegend kein Angebot nutzten. Zugleich setzten sie aber unter der Rubrik „Welches ist Ihre Lieblingssendung?" den Wetterbericht auf Platz 1. Bei TPS ist der Wetterbericht aber keine lineare Sendung, sondern eine abrufbare interaktive Anwendung.

Weitere Hinweise, dass das Publikum durchaus bereit ist, zusätzliche interaktive Angebote zu honorieren, bietet der Siegeszug der DVD, der nicht allein der guten Bildqualität geschuldet ist. Besonders die zusätzlichen Informationen und Filmbeiträge zum Thema, die regelmäßig mit dem Hauptfilm auf die Platte gebrannt werden, motivieren die Kunden zum Kauf. Der Vertrieb von Filmen auf DVD hat mittlerweile die VHS-Kassette in Deutschland überholt.

In Großbritannien haben sich BSkyB und BBC mittlerweile mit überraschendem Erfolg in das Wagnis der Interaktivität gestürzt. Sie konnten mit neuen Mehrwertdiensten die Attraktivität des digitalen Fernsehens deutlich erhöhen. Die ca. 6 Millionen digitalen Haushalte nutzen heute die interaktiven Dienste der BBC weitaus intensiver als die zusätzlichen digitalen Fernsehkanäle. Während letztere nur Marktanteile zwischen 0,1 und 1,5 % erreichen, beteiligen sich regelmäßig mehr als 4 Millionen britische Zuschauer an interaktiv aufbereiteten Sportübertragungen, zum Beispiel an den Tennisturnieren in Wimbledon. Selbst Dokumentarserien schneiden mit Interaktivität beim Publikum besser ab. Wenn die Serie „Walking with beasts" ausgestrahlt wird, schalten regelmäßig 1,9 Millionen, eine unglaubliche Zahl, die Zusatzdienste ein, zu denen u.a. eine zweite Sprachfassung gehört, die die unterhaltsame Geschichte noch einmal aus wissenschaftlicher Sicht kommentiert. BBC produziert die Applikation in drei unterschiedlichen technischen Versionen.

Nur wenige wissen, dass die ARD ähnliche interaktive Angebote wie die BBC seit vielen Jahren auf ihrer Plattform „ARD digital" herstellt und bereitstellt. Sie blieben bisher unbekannt, weil sie von der in Deutschland verbreiteten d-Box überhaupt nicht wiedergegeben werden konnten. 1997, vor 5 Jahren, vernetzte die ARD in ihrem digitalen Fernsehbouquet sämtliche Programme mit Hilfe einer interaktiven elektronischen Programmzeitschrift und der Applikation „Lesezeichen", mit der die Zuschauer ihre Wunschprogramme aufs Stichwort angezeigt bekommen. Im ARD Onlinekanal stehen auf Knopfdruck multimedial aufbereitete Informationsseiten zu den Programmen zur Verfügung. Neben Rubriken wie Tagesschau, Wirtschaft, Sport, Wetter bietet er Features zu ausgewählten Themen, die auch als Ton-Bild-Show betrachtet werden können. Seit 1999, seit 3 Jahren, strahlt die ARD im digitalen Fernsehen Sendungen mit begleitender Interaktivität aus, die es dem Zuschauer erlaubt, bei einer Sendung mit zu spielen, mit zu lernen oder zusätzliche Informationen abzurufen. „Verstehen Sie Spaß?" wird mit einem interaktiven Spiel ausgestrahlt, große Sportereignisse wie Olympische Spiele, Tour de France, Fußball-Europameisterschaft oder Weltmeisterschaft werden sowohl im analogen Videotext, im Internet, als auch im digitalen Fernsehen mit umfassenden Informationsdiensten auf Abruf begleitet. Für all diese zusätzlichen Dienste muss der Zuschauer in Deutschland heute noch eine andere Settop-Box, die sog. „Fun Box" erwerben, wie für Premiere – ein untragbarer Zustand.

Nicht zuletzt der Kampf um die Technologien und die dahinter stehenden Geschäftsmodelle – hier offener Wettbewerb, dort vertikal integrierte, zentral kontrollierte Abläufe – haben die Durchsetzung des digitalen Fernsehens in Deutschland jahrelang behindert. Erst in jüngster Zeit, als sich die Erwerber des Breitbandkabels der Telekom mit frisch importierten Technologien anschickten, den Kabelmarkt weiter zu fragmentieren, setzten sich alle deutschen Sender und die Landesmedienanstalten zusammen und einigten sich, in der Mainzer Erklärung auf einen gemeinsamen offenen Standard MHP. Seit Herbst 2002 werden Schritt für Schritt die bestehenden TV-Applikationen auf die offene Satelliten-Plattform übertragen. Auch die ARD sendet den ersten Teil ihres elektronischen Programmführers bereits in der neuen Technologie. Zudem läuft die Entwicklung neuer Sendeformate in MHP mit Hochdruck.

MHP – Mulitmedia Home Plattform – ist ein jüngst verabschiedeter europäischer Standard für das interaktive Fernsehen, der vollständig offen gelegt wurde und der allen Plattformbetreibern und Inhalteanbietern gleichermaßen offen steht. Das auf der Programmiersprache Java basierende API wurde bereits in den skandinavischen Ländern eingeführt. Eine rege Industrie der Programmentwicklung beginnt sich dort bereits zu etablieren. Die Geräteindustrie hat die ersten MHP-tauglichen Settop-Boxen auf Band gelegt. Es sei nicht verschwiegen, dass es hier noch etliche Detailprobleme zu lösen gilt, da der Standard nicht alle Spezifikationen festlegt. Wo daher viele gleichberechtigt mitreden können, kommen Lösungen gelegentlich etwas später zustande. Das wissen wir in der ARD besser als in irgendeinem Verbund in der Bundesrepublik. Dafür sind sie, das ist bei uns auch so, nachhaltig und für den Endverbraucher verlässlich.

Wichtig ist allein, dass mit einem gemeinsamen Standard endlich wieder der Kunde zum König wird. Sein Empfangsgerät schafft ihm Zugang zu allen Programmen, die von seiner Antenne empfangen werden, und die Sender sehen sich wieder in der Lage, autonom ihre Programmstrategien umzusetzen.

Letzter Punkt: Der Kampf um MHP ist noch nicht entschieden. So lange die Reichweite der digitalen Signale an den nationalen Grenzen endet, wäre nämlich auch mit MHP nur wenig gewonnen. Europa bliebe medial ein tief gespaltener Kontinent, ungeachtet des Einigungsprozesses und des Zusammenwachsens der Völker, sogar ungeachtet des Euro. Es gäbe Briten, die ausschließlich vom BSkyB unterhalten und informiert würden; zwei Arten Franzosen, nämlich die Kunden von Canal Plus und die von TPS; die Spanier sähen die Welt nur noch durch die Brille von Canal Satellite oder Via Digital – es klingt wie ein Treppenwitz. Haben nicht jüngst erst frei empfangbare Rundfunkprogramme, die jenseits von Grenzen und Stacheldraht aufgefangen wurden, einen entscheidenden Beitrag zur Überwindung der europäischen Spaltung geleistet? Und nun soll die Informationsfreiheit des Bürgers in demselben Europa künstlich eingeschränkt werden, leichtfertig geopfert auf dem Interessenaltar einiger Medien-Mogule?

All dies zeigt, wie wichtig die europäische Dimension der offenen Plattform ist. Es geht darum, MHP als Standard in ganz Europa durchzusetzen – als verbindliche Norm, die gleichermaßen für Sender, Netz- und Plattformbetreiber und für die Geräteindustrie gilt. Man sollte denken, damit werde eigentlich nur Selbstverständliches vollzogen: eine Struktur für den „Free Flow of Information" über Grenzen hinweg zu schaffen. Und doch, MHP trifft auf den erbitterten Widerstand vor allem derer, die ihr vertikal integriertes Imperium bereits fest etabliert haben. Beim europäischen Parlament und in der Brüsseler Kommission geben sich derzeit die Interessenvertreter der Medienindustrie die Klinken in die Hand. Die Stimmung bei den europäischen Instanzen tendiert zwar offen zu MHP, aber einige Mitgliedsregierungen haben sich mit der bei ihnen angesiedelten Industrie verbündet. Das bedeutet, über MHP als verbindlicher europäischer Standard ist das letzte Wort nicht gesprochen. So bleibt auch die Sorge erhalten, dass die Informationsgesellschaft erneut an einer Herausforderung scheitern könnte, dieses Mal zu verhindern, dass ihr eigenes Lebenselixier, die freie Kommunikation, in den „Walled Gardens" weniger Meinungsherrscher eingesperrt werden. Siegt die Vernunft nicht einmal in eigener Sache, dann verharrte die Informationsgesellschaft zu Recht als der Torso, den sie derzeit abgibt. Aber seien wir Optimisten. Ich jedenfalls bin es.

4 PANEL 1:
Wie verändert die Digitalisierung die Video- und Rundfunkmärkte:
Geschäftsmodelle und Wertschöpfungsketten

Moderation:
Klaus-Peter Siegloch, ZDF, Mainz

Teilnehmer:
Burkhard Graßman, T-Online International AG, Weiterstadt
Prof. Dr. Thomas Hess, Universität München
Henrik Hörning, Detecon International GmbH, München
Jürgen Mayer, Yahoo Deutschland GmbH, München
Werner Scheuer, Bosch Breitbandnetze GmbH, Berlin
Dr. Helmut Stein, Premiere Fernsehen GmbH, Unterföhring
Patrick Zeilhofer, RTL New Media GmbH, Köln

Herr Siegloch:
Meine Damen und Herren, ich muss gestehen, dass ich mich hier natürlich in einer für mich etwas fremden Rolle fühle. Sonst bin ich eher mit den „Heute Nachrichten" Gegenstand der Digitalisierung und jetzt von lauter Experten umgeben. Das Einzige, was mich tröstet, ist, dass es bei unserer heutigen Diskussion um mein Geld geht. Sie wollen im Grunde genommen alle an mein Geld kommen. Ich soll zukünftige Contents bezahlen als Benutzer. Ich bin gespannt, ob ich und Sie als zukünftige User überzeugt sind von den Geschäftsmodellen, die wir uns anschließend anhören werden.

Wir haben folgendes Verfahren vereinbart, bevor ich Ihnen die Teilnehmer im Einzelnen gleich vorstellen werde: Wir werden kurze Eingangsstatements von ca. 5 Minuten haben.

Herr Burkhard Graßmann ist gelernter Betriebswirt und seit 2 Jahren Vorstandsmitglied bei T-Online. Damit ist er natürlich auch ein Partner der Heute-Redaktion. Da freue ich mich natürlich ganz besonders.

Herr Professor Hess, Wirtschaftsinformatiker, seit jüngstem mit einem BWL-Lehrstuhl hier in München. Auch Sie sind herzlich begrüßt.

Herr Hörning, Diplom Kaufmann, verantwortet als Managing-Consultant bei Detecon International den Geschäftbereich Publishing, u.a. zuständig für eBusiness-Strategien im Verlagsumfeld.

Herr Mayer, für eine Firma, die mir schon als Korrespondent in den USA sehr sympathisch war, Yahoo, auch ein Betriebswirt. Sie sind jetzt bei Yahoo Deutschland zuständig u.a. für mobiles Internet und für den Breitbandzugang.

Herr Scheuer, Sie sind seit 40 Jahren bei Bosch und seit 8 Jahren verantwortlich für das Kabelfernsehgeschäft. Sie sind meine Stütze, wenn es um technische Fragen geht.

Herr Dr. Helmut Stein, Geschäftsführer des schon oft tot gesagten TV-Premiere. Aber, wie wir wissen, leben Totgesagte manchmal länger. Wir werden sehen, ob das Business-Modell, das er uns heute vorstellt, auch zur Langlebigkeit beiträgt.

Anders, als im Programm ausgedruckt, ist Patrick Zeilhofer hier bei uns, ein studierter Architekt, einmal kein Betriebswirt, lange praktizierender Journalist, und jetzt Programmdirektor RTL New Media.

Unsere Frage ist: Wie verändert die Digitalisierung die Video- und Rundfunkmärkte: Geschäftmodelle und Wertschöpfungsketten? Ich denke, wir starten einfach einmal mit meinem Partner Herrn Graßmann.

Herr Graßmann
Herzlichen Dank, Herr Siegloch, für die einleitenden Worte zu diesem ersten Panel. Ich bin, meine sehr verehrten Damen und Herren, gespannt darauf, wie die Teilnehmer dieser Diskussionsrunde die künftige Entwicklung der Geschäftsmodelle und Wertschöpfungsketten durch die Digitalisierung der Video- und Rundfunkmärkte einschätzen werden.

Ich möchte den Kanon der Teilnehmer-Statements mit drei Thesen eröffnen, auf die ich anschließend näher eingehen werde. Die wesentlichen Veränderungen der Geschäftsmodelle und Wertschöpfungsketten der Video- und Rundfunkmärkte durch die anstehende Digitalisierung sind aus unserer Sicht – also der der führenden „Internet-Portalbetreiber" – folgende:

1. Die Geschäftsmodelle und Wertschöpfungsketten der Video- und Fernsehanbieter werden sich in Zukunft erweitern.
2. Mit der Erweiterung dieser Geschäftsmodelle und Wertschöpfungsketten werden die Internet-Portalanbieter wichtige Partner der Inhalte-Produzenten und -Distributoren.
3. Die Medien TV und Internet bedienen heute unterschiedliche Nutzungssituationen. Die Digitalisierung der Video- und Rundfunkmärkte eröffnet zwar neue

Möglichkeiten für Produkte und Dienste der Video- und Rundfunkanbieter. Diese müssen jedoch auch weiterhin auf die unterschiedlichen Nutzungssituationen zugeschnitten sein.

Ich möchte auf diese drei wesentlichen Veränderungen im folgenden näher eingehen:

Zu unserer ersten These, nach der sich die Geschäftsmodelle und Wertschöpfungsketten der Video- und Fernsehanbieter in Zukunft erweitern werden:

Die Wertschöpfungsketten des Fernsehens konzentrieren sich heute auf
- die Gebühren (das gilt natürlich nur für die Öffentlich Rechtlichen Sender),
- die Einnahmen durch Werbung,
- das Transaktionsfernsehen (also zum Beispiel Homeshopping und Direct Response TV mit Medienbruch über Telefonmehrwertdienste à la NeunLive),
- sowie das Pay TV und NVOD (Near Video-on-Demand) – (als Beipiel ist hier „Premiere" zu nennen).

Es ist davon auszugehen, dass die Digitalisierung der Medien-Distribution im ersten Schritt die Distributionskosten verringern wird und dass damit in Zukunft Kapazitätsengpässe beseitigt werden. Aber – und es scheint mir in der Diskussion über das digitale Fernsehen immer wieder erforderlich, darauf hinzuweisen: Das digitale Fernsehen allein ist noch kein interaktives Fernsehen! Denn dem digitalen Fernsehen fehlt bislang bekanntlich der Rückkanal (also T-DSL oder das aufgerüstete, rückkanalfähige Breitbandkabel-Netz).

Das wirklich interaktive Fernsehen wird in Zukunft ein ganzes Bündel von Diensten anbieten können. Dazu gehören
- interaktive TV-Formate (wie zum Beispiel das Mitspielen bei Quiz-Sendungen), Direct Response TV ohne Medienbruch (zum Beispiel für Votings), Video on Demand, sowie natürlich auch die Nutzung für kommunikative Dienstleistungen wie sms oder Email.
- Eine der wesentlichen Veränderungen der Video- und Rundfunkmärkte durch die künftige Digitalisierung wird darin bestehen, dass die Geschäftsmodelle und Wertschöpfungsketten erweitert werden: Insbesondere durch Video on Demand werden Film- und TV-Anbieter zusätzliche Transaktionserlöse erzielen können. Denn mit der Digitalisierung werden für die Kernprodukte wie Filme und TV-Formate neue und sicherlich lukrative Distributionswege geschaffen werden. Digitalisierung – ich habe es bereits angedeutet – bedeutet jedoch nicht automatisch eine Rückkanalfähigkeit zum Kunden. Denn der Video- und Rundfunkmarkt verfügt über keine eigentliche Endkundenbeziehung wie Kabel- und Internet-Access-Betreiber (mit Ausnahme von Premiere).
- Kommunikative Dienstleistungen wie sms oder Email werden daher auf die Geschäftsmodelle und Wertschöpfungsketten keine Auswirkungen haben. Das

Feld der eigentlichen Kernkompetenzen der TV-Anbieter würde damit zu weit verlassen werden. Hier sind für Video- und Rundfunkanbieter intelligente Partnering-Strategien mit Unternehmen gefragt, die über eben diese Endkundenbeziehung verfügen. Zu diesen Unternehmen gehört sicherlich auch T-Online International.

Daraus folgt meine zweite These:
„Mit der Erweiterung dieser Geschäftsmodelle und Wertschöpfungsketten werden die Internet-Portalanbieter wichtige Partner der Inhalte-Produzenten und Distributoren."

Die marktführenden „Internet-Portalbetreiber" stellen sich derzeit neu auf. Sie positionieren sich heute schon längst nicht mehr als reine „Access-Anbieter", sondern als „Internet-Media-Networks". T-Online International hat diesen Schritt zum „Internet-Media-Network" bereits heute erfolgreich vollzogen.

Damit sind die Internet-Portalanbieter dem Fernsehen einen entscheidenden Schritt voraus: Sie sind bereits heute mit der von uns so bezeichneten „Lean-Forward-World" – also der klassischen PC-Welt, der Welt, wo wir aktiv dabei sind, wo wir mittels Tastatur und Maus interaktiv sind – bestens vertraut. (Im Gegensatz dazu bezeichnen wir als „Lean Backward-World" zum Beispiel die TV-Welt, in der wir – wie der „Couch Potatoe" – die Füße hochschlagen und uns gemütlich zurücklehnen können).

Die marktführenden Internet-Portalanbieter zeigen ihren Kunden bereits heute, wie die interaktive Welt funktioniert und wofür die interaktive Welt im Alltag einzusetzen ist. Und sie haben dafür schon heute die Akzeptanz beim Kunden erfahren: Für ein umfassendes und interaktives Infotainment-, Entertainment- und Edutainment-Programm.

Entertainment zum Beispiel spielt für das Breitbandportal T-Online Vision schon heute eine entscheidende Rolle: Exklusivität, Aktualität und natürlich mediengerechte Aufbereitung sind die ausschlaggebenden Faktoren für den attraktiven Content, den wir unseren Usern, internetgerecht aufbereitet, bieten. So stellen wir die Soap „Gute Zeiten Schlechte Zeiten" sehr erfolgreich bereits einige Stunden vor Ausstrahlung via TV ins Netz und bieten um dieses Angebot herum eine typisch internetgerechte Aufbereitung wie E-Shops und Fan-Community an.

Diese Erfahrungen zeigen uns schon heute: Auch die Geschäftsmodelle und Wertschöpfungsketten der Internet-Anbieter werden in Zukunft weiter ausgebaut werden. Dabei glaube ich allerdings weniger an einen Markt von Usern, die sich einen zweistündigen Spielfilm direkt am PC ansehen. Ich halte das eher für eine Übergangslösung, bis sich überlegene Technologien durchgesetzt haben.

Aber: In ein bis eineinhalb Jahren werden wir so weit sein, dass sich die User – als weitere Alternative zur Set-Top-Box und zum personal Videorecorder – einen Film am PC aussuchen, den PC als Empfangsgerät nutzen und von dort aus an das daran gekoppelte Fernsehgerät ausgeben werden.

Die erforderlichen Investitionen für diese PC-Lösung sind sehr viel geringer als die der Kabelanbieter, die zunächst einmal neue rückkanalfähige Geräte in den Markt bringen müssen. Für die PC-Lösung aber sind lediglich Investitionen in die Infrastruktur nötig und die Hardwareindustrie muss noch etwas nachlegen. Dann sind wir soweit, dass wir sagen können: Die virtuelle Videothek existiert.

Darin sehen wir einen der zukünftigen Revenue-Streams und wir werden dies auch so anbieten. In spätestens zwei bis drei Jahren wird sich der Weg in die Videotheken für große Kundengruppen erübrigen, denn Videos werden dann auch virtuell über die Internet-Anbieter ausgeliehen werden können. Die Internet-Betreiber bieten hier schon heute ihre Kooperationsbereitschaft an. Sie werden – davon sind wir überzeugt – in Zukunft wichtige Partner der Inhalte-Produzenten und Inhalte-Distributoren sein.

Womit wir zu unserer dritten These kommen:
„Die Medien TV und Internet bedienen heute unterschiedliche Nutzungssituationen. Die Digitalisierung der Video- und Rundfunkmärkte eröffnet neue Möglichkeiten für Produkte und Dienste. Diese müssen jedoch auch in Zukunft auf die unterschiedlichen Nutzungssituationen zugeschnitten sein."

Das Stichwort der „(technischen) Konvergenz der Medien" beschäftigt heute die gesamte Medienwelt. Dabei sollten wir jedoch eines nicht ganz außer Acht lassen: TV und Internet werden auch in Zukunft keine vollständig konvergenten Medien sein, denn beide Medien sind ausgerichtet auf ganz unterschiedliche Nutzungssituationen:
– die Lean-Backward World wird heute in erster Linie durch das TV, aber zunehmend auch durch das Internet bedient,
– die Lean-Forward World ist schon heute eine klare Domäne des PC's und des Internets. Das Internet bietet damit alle Vorteile der Digitalisierung wie
    – Interaktivität,
    – Mobilität via PDA und Mobiltelefon,
    – Web TV,
    – und Video-Sequenzen.

Daran wird sich, davon sind wir überzeugt, auch in Zukunft nur wenig ändern.

Der Vorteil der Internet-Anbieter besteht darin, dass deren Kunden schon heute die interaktiven Angebote und Services schätzen, nutzen und auch dafür bezahlen. Diesen Schritt – und insbesondere den letzten – müssen die Video- und Rundfunkmärkte von morgen, ob analog oder digital, erst noch nachvollziehen.

Sicherlich wird in Zukunft auch das Fernsehen in bedingter Form interaktiv für bestimmte TV-optimierte Inhalte sein.

Wir rechnen aber nicht damit, dass das TV das Internet „angreifen" und ihm ernsthafte Konkurrenz machen wird. Denn beide Medien, TV einerseits und Internet andererseits, verfügen schon heute über ihre eigenen spezifischen Formate.

Lassen Sie mich, meine Damen und Herren, den Blick in die nahe Zukunft der digitalen Medien wie folgt abschließen:

Wir gehen davon aus, dass die Digitalisierung der Video- und Rundfunkmärkte ein für beide Seiten kooperativer Prozess sein wird, der konstruktiv und erfolgreich für den Ausbau der Geschäftsmodelle und Wertschöpfungsketten aller digitalen Medien sein wird.

Prof. Dr. Hess:
Um der Zeit gerecht zu werden, möchte ich meine These, kurz in zwei Bereiche zusammenzufassen: erst drei kurze Thesen zur technischen Entwicklung und im zweiten Bereich dann die Implikation für den ökonomischen Bereich.

Thesen zur Entwicklung der Video- und Rundfunkmärkte (I)

- Erst sehr sukzessive werden die Netze in Deutschland digital und rückkanalfähig sein
- Bei den Endgeräten wird es zu einer Diversifikation, bei der Decodierung zu einer Standardisierung kommen
- Peer-to-Peer-Systeme, Digital-Rights-Management-Systeme und personalisierte Videorecorder werden die technologische Diskussion zunehmend mit bestimmen

Prof. Dr. Thomas Hess
Ludwig-Maximilians-Universität München

WIM

Bild 1

Zur technischen Entwicklung, wenn Sie auf meine Charts schauen (Bild 1), haben wir die ersten beiden Thesen heute Vormittag schon gehört und diskutiert.

Zum ersten Thema kann man zusammenfassend feststellen, dass die Netze eher schrittweise ausgebaut werden. Wir haben heute schon einiges über die Investitionen gehört; dort also eher eine schrittweise Entwicklung und keine kurzen Sprünge.

Zum zweiten Themengebiet haben wir auch heute Morgen schon einiges gehört, die Themen Endgeräte und Dekodierung. Bei den Endgeräten ist auch klar ersichtlich, dass es zu einer Breite kommen wird, nicht nur im stationären Bereich, sondern auch gerade im mobilen Bereich. Dort führt es letztlich zu einer Entwicklung, die auch wieder ganz neue Herausforderungen für die einzelnen Anbieter stellt. Auch beim Thema Dekodierung – ich habe bewusst nicht Decoder geschrieben – wird es schrittweise zu einer Standardisierung kommen. Wir haben heute Morgen schon einmal kurz das MHP-Thema angesprochen, die Zersplitterung, die wir in Deutschland oder Europa sehen, ist sicherlich eher in den Griff zu bekommen.

Ich möchte Ihre Aufmerksamkeit an dieser Stelle eher auf die dritte These lenken. Das sind Themen, die wir noch nicht so stark angesprochen haben. Hier sind zwei bis drei Technologien, die in der Diskussion Beachtung finden. Einmal Peer-to-Peer, dann die Rechte-Management-Systeme und letztlich auch ein bisschen als Randthema – für die Fernsehanbieter sicher nicht unbedeutend – die personalisierten Videorekorder. Bei Peer-to-Peer-Systemen – Sie kennen alle die Entwicklung im Musikbereich, wo heute schon signifikante Umsatzanteile aus der klassischen Musikindustrie herausgegangen sind hin zu Tauschbörsen, die mehr oder weniger schwer kontrollierbar sind. So etwas wird, zumindest für Videos, auch mittelfristig die Fernsehanstalten oder Videoanbieter im Allgemeinen betreffen. Alles, was in Richtung Tausachbörsen geht, ist sicherlich eine ganz relevante Technologie.

Die Rechte-Management-Systeme, also der Versuch letztlich, Urheberrecht durchzusetzen, ist ein Thema, worauf ich mittelfristig mindestens den gleichen Fokus legen würde wie auf die klassische Diskussion zum Ausbau der Netze. Einmal der Versuch zumindest die Einhaltung der Rechte über Wasserzeichen zu verfolgen. Aber gleichzeitig auch die Frage, ob man die Nutzung am Gerät zum Beispiel unterbinden kann. Auch das sollte sicherlich noch stärker in Diskussion kommen.

Nicht zuletzt auf der technologischen Seite die Videorekorder, die neu auf den Markt kommen. Die sind zwar im Moment noch sehr teuer, eröffnen dem Konsumenten aber zumindest die Möglichkeit, nicht die ganze Webung konsumieren zu müssen, sondern diese überspringen zu können. Ich glaube, dass das Geschäftsmodell der Medienbranche der TV-Stationen an der Stelle stark bedroht ist.

Thesen zur Entwicklung der Video- und Rundfunkmärkte (II)

- Rundfunksender werden kleinere Zielgruppen verstärkt mit aktuellen und interaktiven Angeboten ansprechen und ihre medienübergreifenden Angebote sukzessive ausbauen

- Videoanbieter sollen proaktiv und konzertiert Tauschbörsen aufbauen

- Klassische Videotheken sind in ihrer Existenz langfristig bedroht

Prof. Dr. Thomas Hess
Ludwig-Maximlians-Universität Münben

WIM

Bild 2

Das soweit zur technischen Seite. Wenn wir auf die nächste Seite schauen (Bild 2), sehen wir die Frage, was letztendlich passiert. Als erstes werden tendenziell – auch wenn es bisher noch nicht eigenständig erfolgreich war – die Rundfunkanbieter generell versuchen, kleinere Zielgruppen zu bedienen. Wir haben heute schon gehört, dass das an manchen Stellen noch nicht wahrgenommen wurde. Wenn man sich die langen Trends anschaut, so wird das sicherlich zu einer Verkleinerung der Zielgruppen führen.

Genauso wichtig wird es sein, aktuelle und interaktive Angebote zu integrieren. Aktuelle auch deshalb, weil sie nicht so gut über personalisierte Videorekorder aufgezeichnet werden können. Das Fußballspiel wollen Sie sehen, wenn es passiert und nicht erst zwei, drei Stunden später. Hier könnten wir näher in die Untersuchung gehen, ob es für die normalen, klassischen Fernsehanbieter nicht interessant wäre, noch stärker auf die Karte „aktuell" zu setzen, um dieses Problem der Tauschbörsen an der Stelle, langfristig etwas zu umgehen.

Das dritte Gebiet, die integrierten medienübergreifenden Angebote, („Cross-Media-Angebote"), wurde heute Morgen schon angesprochen. Wir kennen eine Reihe von erfolgreichen Beispielen, bei denen man über mehrere Kanäle hinweg gute Geschäftsmodelle realisieren kann. Das wird mittel- und langfristig sicher eine ganz tragende Säule sein, nicht nur vom Markennamen her, der dann übertragen werden kann, sondern auch die Möglichkeit, die einzelnen Medien zielgerecht anzusprechen. Das Beispiel „Big Brother" war ein Vorreiter an der Ecke.

Die nächste These zum Thema Tauschbörsen. Ich hatte schon gesagt, dass aus meiner Sicht Peer-to-Peer-Systeme ein ganz entscheidendes Thema sind. Ergänzend sollte man sicherlich auch überlegen, ob man im TV nicht wieder den Fehler macht, – ich sage es einmal provokativ – den auch die Musikindustrie noch immer macht, nämlich das Thema einfach zu ignorieren und zu versuchen, dort das alte Geschäftsmodell technisch-rechtlich zu erhalten. Im Videobereich ist ein gewisses Zeitfenster offen. Interessant wäre hier eine Kooperation der Contentanbieter und der Telekom. Die T-Online wäre vielleicht ein guter Ansprechpartner an dieser Stelle.

Noch zur ersten These, also in dem Zusammenwirken auch meine These hier: Die klassischen linearen Angebote der Fernsehsender werden in den nächsten Jahren auch langfristig noch genutzt werden. Kein Konsument will die Auswahlleistung der TV-Stationen vollbringen. Aber die Spielfilme, die man sich einzeln aussuchen kann, die nicht so tagesaktuell sind, könnten in den Bereich der Videoanbieter oder Tauschbörsen übergehen.

Die letzte These hängt damit eng zusammen. Wir hatten eine Studie für den Bundestag erstellt, in der es auch um die Zukunft der Videotheken ging. Die Abgeordneten hatten sich Sorgen gemacht, was aus dieser, wenn auch kleinen, Branche wird. Da ist mittelfristig zu erwarten, dass Videotheken an Bedeutung verlieren und Tauschbörsen für Videos an Bedeutung gewinnen werden.

Soweit meine Thesen. Ihre besondere Aufmerksamkeit möchte ich auf die zweite These lenken, der Versuch, hier einmal dafür zu plädieren, schrittweise nicht nachzuhängen, sondern vielleicht eine Vorreiterrolle einzunehmen und das Thema Peer-to-Peer aktiv anzugehen.

Herr Hörning:
In Zeiten wie diesen ist es nicht leicht, mit mindestens drei schlechten Attributen, die Herr Siegloch erwähnte, versehen zu sein: ich bin einmal Kaufmann, zweitens Berater und drittens das auch noch im Umfeld von eBusiness-Strategien. Das allein ist auf der einen Seite vor dem Hintergrund dessen, was Herr Dr. Struve heute über seine Erfahrungen mit dem Internet gesagt hat, schon nicht einfach, und auf der anderen Seite dazu nur noch 5 Minuten Zeitrahmen anstelle der geplanten 10. Machen Sie deswegen mit mir einen kurzen Ritt durch die Präsentation. Kollege Hess hat eben schon über Peer zu Peer gesprochen.

Wandel der Nachfragestrukturen

Nutzer werden zunehmend weniger physische Medienprodukte als vielmehr den Zugang zu Medieninhalten und begleitenden Dienstleistungen kaufen.

Bild 1

Bitte beachten Sie auf der linken Seite vor allem das Zitat im zweiten Absatz, die letzten drei Sätze (Bild 1). Auch das etwas bezogen auf Napster und Peer-to-Peer und das „berühmte" Internet. Es gibt sehr wohl, lieber Herr Dr. Struve, kollektive Erlebnisse im Internet, nämlich auf diesen hier genannten Tauschbörsen. Menschen tauschen sich aus, nicht nur Inhalte oder illegal kopierte Dateien, sondern sie tauschen auch Erfahrungen, Haltungen und Zugänge aus. Das heißt – Sie sehen immer oben die jeweiligen Thesen –, wir finden sehr wohl einen nicht ganz unerheblichen Wandel der Nachfragestrukturen durch die Digitalisierung vor. Das lässt sich im Internet sehr schön ablesen aufgrund der Offenheit dieses Mediums. Ich denke, dass jeder Broadcaster oder Fernseh- oder Rundfunkanbieter sehr gut daran beraten ist, darüber nachzudenken, wie er genau dieses veränderte Kommunikations- und Interaktionsverhalten, sich zunutze machen kann. Peer-to-Peer hat sehr deutlich gemacht, dass es eine Reihe von Medieninhalten gibt, die dezentral in Individualarchiven gespeichert werden. Jeder von Ihnen hier im Raum hat aller Voraussicht nach einen eigenen PC, auf den man ganz unterschiedliche Medieninhalte speichert. Wenn man von einer Zahl von PCs, von weltweit „nur" 500 bis 600 Millionen Rechnern ausgeht, dann ist das Resultat ein gigantisches Medienarchiv. Der Zugang zu diesen Archiven funktioniert in der Tat über Peer-to-Peer.

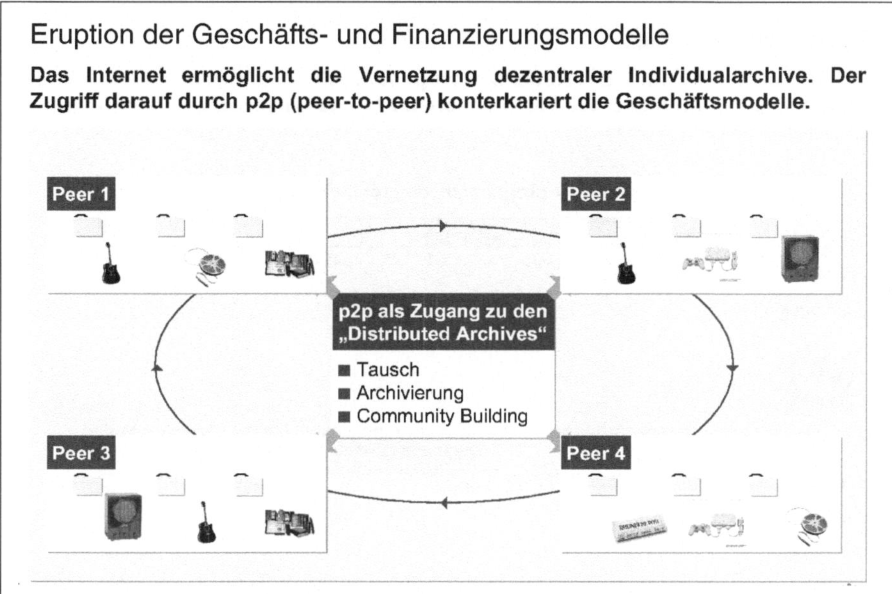

Bild 2

Man muss sich genau ansehen, welche Möglichkeiten sich auf der einen Seite ergeben, aber auch welche Bedrohungen sich daraus in den etablierten Marktstrukturen ergeben (Bild 2). Herr Graßmann und auch Herr Hess haben das bereits gesagt. Was den Videobereich angeht, sehen wir da sehr wohl Gefahren, die sich auch auf die bestehenden Geschäftsmodelle der heutigen Broadcaster auswirken werden. Deswegen gehe ich jetzt exemplarisch auf die nächste Folie.

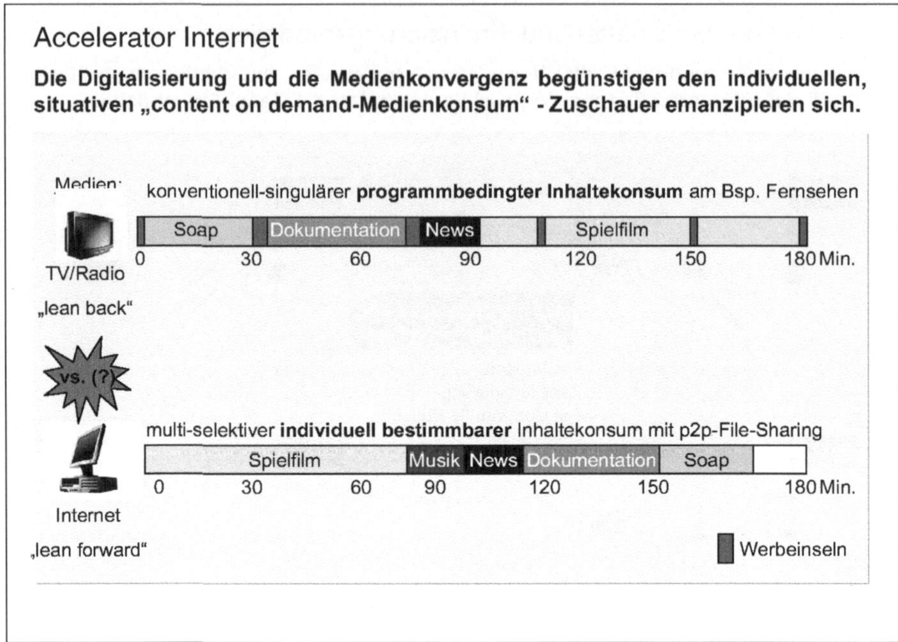

Bild 3

Das Internet wirkt quasi als Akzelerator (Bild 3). Es wird die Digitalisierung der Video- und Rundfunkmärkte in einer vielleicht nicht ganz gesunden Form beschleunigen. Wenn Sie sich diese Folie einmal näher anschauen, so ist eines der wesentlichen Standbeine der Finanzierung des privaten Rundfunk- und Fernsehanbietermarktes natürlich Werbung. Die Digitalisierung der Medieninhalte und ihre entsprechende Verfügbarkeit über das Internet ermöglicht den individuell bestimmbaren Medienkonsum eines jeden einzelnen. Und das Interessante dabei ist, dass es eben keine Werbung mehr gibt bzw. geben muß. Die Konsumenten können sowohl zeitversetzt die gleichen Inhalte schauen, übrigens auch zu jeder Zeit, zu der Sie dazu Lust haben und nicht dann, wenn es Ihnen ein Programmanbieter vorschreibt. Die Programmanbieter und die werbetreibende Industrie drohen nicht mehr zu wissen, wer wann welche Inhalte konsumiert und sind somit auch nicht mehr in der Lage Zielgruppen in zeitliche und andere Parameter zu klassifizieren.

Zuletzt heißt es also: Vor dem Hintergrund führt die Digitalisierung nicht nur zu einer Evolution der Angebotsstrukturen, sondern auch der Anbieterstrukturen. Spielen wir einmal das Szenario durch: Es gibt jetzt DVBT-Fernsehen. Wir haben dann eben nicht mehr 30 Kanäle, sondern – ich übertreibe jetzt – 300 Kanäle.

Bild 4

Vorhin ist schon einmal angesprochen worden, dass die Zielgruppen u.U. marginal werden (Bild 4). Es stellt sich dann jedoch die Frage, wie das im Fernsehen weiterhin durch Werbung finanziert werden kann. Wie können die kleinen stärker migrierenden Zielgruppen in der Tat noch effizient und kostengünstig mit Werbung adressiert werden, wenn u.U. Einzelpersonen Zielmärkte werden können? Die Idee der Digitalisierung ist hervorragend, denn jeder wird sich den Kanal suchen, der ihn interessiert. Die werbetreibende Industrie wird aus meiner Perspektive heraus jedoch mit Argwohn belastet sein, weil der Aufwand, den es zu betreiben gilt, auch kleinste Zielgruppen erfolgreich zu bedienen, erheblich sein wird. Die damit verbundenen Risiken können u.U. zu einer totalen Einstellung werblicher Aktivitäten auf verschiedenen Spartenkanälen führen und die Programmanbieter dieser Kanäle vor existenzielle Fragen stellen.

Doch was heißt das im Ergebnis? Wir haben es im Publishingmarkt sehr schön gesehen, dass wir beispielsweise vor ca. 10, 15 Jahren vielleicht 10 bis 15 Computerzeitschriften hatten. Heute haben wir um die 200 Titel, weil die Verlage sehr wohl erkannt haben, dass es eine Reihe von ganz unterschiedlichen Interessen gibt, die man bedienen kann und die bedient werden wollen. Gleiches wird möglicherweise auch im Fernsehmarkt passieren. Das heißt aber, dass bei konstantem Medienbudget der Consumer über kurz oder lang vor die Frage gestellt wird, für wen er sich entscheidet. Insbesondere wenn wir Abonnementservices u.ä. mit zu Rate ziehen wollen, um das Geschäftsmodell qualitativ halbwegs valide sein zu lassen. Dies führt aber aus unserer Sicht zu sinkenden durchschnittlichen Reichweiten des jeweiligen Programmanbieters und Formates und somit zu sinkender Attraktivität für die werbetreibende Industrie. Wie ich eben gerade sagte, haben Sie erhebliche Fixkostensprünge, wenn Sie Werbung initiieren wollen. Sie müssen sich als Werbetreibender sehr genau überlegen, ob Sie kleiner gewordene, zwar attraktive Einzelzielgruppen noch weiter bedienen wollen, und ob sich das in der Tat auch noch lohnt, wenn Sie die verbliebenen Zielgruppen Ihrer ehemaligen Gesamtzielgruppe auch noch weiter bedienen wollen.

Abschließend heißt das natürlich, für die kurz skizzierten Entwicklungen, für die ich auch keine Generallösung parat habe, gilt es sowohl für die Fernseh- als auch Rundfunkanbieter, diese Entwicklung frühzeitig zu adaptieren. Eine Alternative ist möglicherweise eigene Tauschbörsen zu initiieren, wobei das aufgrund rechtlicher Restriktionen natürlich zu diskutieren und in den entsprechenden Angebotsstrukturen zu manifestieren ist.

Herr Mayer:
Neue Technologien und Innovationen bringen Bewegung ins Internet. In Bewegung geraten aber auch die Grenzen zwischen den Wettbewerbern auf dem Kommunikations- und Medienmarkt. In rasantem Tempo wachsen Bereiche zusammen, welche jeder für sich eine eigene große Erfolgsstory beanspruchen können:
- Television
- Personal Video
- Personal Computer und
- als Motor des Ganzen das Internet.

Dank der Streaming-Technologie hat das Internet seine Textlastigkeit schon längst abgelegt und ist auf dem besten Weg, sich mittelfristig zu einem dem Fernsehen ebenbürtigen Bewegtbildmedium zu entwickeln. Damit verlieren die Unterschiede zwischen Internet, Fernsehen, Radio an Bedeutung und mit ihnen die traditionellen Rollen der Akteure.

Die Konvergenz der Medien bedeutet daher auch eine Herausforderung für die Akteure im Kommunikationsmarkt. Eine komplexe Wettbewerbslandschaft mit neuen Rollen für Telekom-, Internet- und Medienunternehmen zeichnet sich ab. Vorerst schützen noch technische Barrieren, Gewohnheiten sowie Wechsel- und Umrüstkosten der Nutzer die angestammten Territorien der Akteure. Doch sind sie keine Garantie, dass alles beim alten bleibt. Wer die Herausforderungen und Möglichkeiten ignoriert, wird dies vielleicht nicht in den nächsten 2 Jahren spüren, mit Sicherheit jedoch in 5 Jahren. Allen voran der gesamte Free TV-Markt sowie die Vielzahl der bundesweiten Videotheken.

Mit Streaming Media kommt eine neue Erlebnisqualität ins Internet. Bewegte Bilder, Musik, das gesprochene Wort kommen der Art, wie die Mehrzahl der Menschen Information und Unterhaltung konsumieren will, näher als das Lesen von Texten. Der digitale Vertrieb von ganzen Filmen und Musik, die visuelle Übermittlung des gesprochenen Wortes, die Teilnahme an Live-Events via Internet, schaffen neue Umsatzpotentiale und Business Modelle, welche die globalen und börsennotierten Internetplayer zielstrebig ansteuern.

Die technische Evolution: Moore's Law, Metcalf's Law und Maxwell's Law
Streaming Media/ Video on Demand ist das Ergebnis der technische Evolution oder anders gesagt, die heutigen Möglichkeiten aus Moore's Law, Metcalf's Law und Maxwell's Law. Moore und Maxwell´s Law besagen, dass sich auch in den nächsten Dekaden die Prozessorenleistung alle 18 Monate verdoppeln wird, genauso wie sich die Bandbreiten der Netze weiterhin vervielfachen werden. Metcalf's Law sagt, dass der Wert der digitalen „Devices (Video, PC, Displays& Screens, Speichermedien, PDA und viele mehr) mit dem Grad deren Vernetzung steigt.

Heute im November 2002 sind die Netze in Ansätzen schon so gut, dass bspw. auf Yahoo.de täglich eine Vielzahl legaler und kostenpflichtiger VOD-Filmabrufe stattfinden. Lange wird es nicht mehr dauern, bis wir unserem digitalen Videorekorder von jedem Ort der Welt über Internet befehlen, er möge uns dieses oder jenes TV Programm speichern, so dass uns abends ein „personalized TV-Programm" zur Verfügung steht, bei dem wir die Werbung ausblenden und auf Wunsch innerhalb dem Speicher/Programm vor- und zurückspringen können.

Falls uns das TV-Programm einmal nicht gefällt, ersparen wir uns den Gang in die Videothek und greifen zu unserem digitalen Movie- oder Musicabonnement, welches wir gerade über Yahoo! oder einem anderen Portal vom Verleiher „movielink" für die nächsten 6 Monate abonniert haben.

Die audiovisuelle Wertschöpfungskette im digitalen Zeitalter:
Eine kurzfristig dramatische Modifikation der audiovisuellen Wertschöpfungskette wird die Digitalisierung keinesfalls bewirken, auch wenn in Teilbereichen gravierende Änderungen zu erwarten sind (siehe im ff. Konsequenz 1 und 2). Auch in Zukunft werden Kinofilme weiterhin über Kino, Video und TV als wesentliche Distributionskanäle vertrieben, deren Charakter sich allerdings im Zuge des Digitalisierungsprozesses grundlegend ändert: Aus dem traditionellen Filmtheater wird das digitale Kino und das klassische Fernsehen wird zunehmend Internet–Funktionen übernehmen mit bislang ungewohnt brillianten Personalisierungs- und Speicherfunktionen. Weitgehend verschwinden wird mittelfristig die stationäre Videothek, deren Rolle verstärkt Video ON Demand Angebote übernehmen werden.

Konsequenz der Digitalisierung: VOD versus Kino/ Videothek
Der Home-Entertainment Bereich macht den Kinos schon heute zu schaffen. Neue Technologien bei den Endgeräten (3D-DolbySound mit DVD-Anlage für unter 400 €) steigern das Unterhaltungserlebnis zu Hause und öffnen den Markt für neue

Geschäftsmodelle und Angebote für Konsumenten. Mehr denn je müssen daher die Kinobetreiber, Kosteneffizienz betreiben bei gleichzeitiger Erschließung neuer Umsatzquellen. Im Schulterschluss mit Verleihern und Rechtehändlern könnte den Kinobetreibern daher an einer schnellen Digitalisierung der Filmtheater sehr gelegen sein, um Kosteneinsparungen zu erzielen. Die Kostenmultiplikation beim Vertrieb von Zelluloid Streifen bswp. in 100 MaxX Kinos in Deutschland wird durch Kostendivision beim Online Versand (Internet oder Satellit) ersetzt. Geringere Risiken bei Vervielfältigung, Distributionslogistik und Entsorgung sind die Folge.

Und selbst gegenüber der klassischen Videothek bietet Video on Demand überzeugende Vorteile, denn es gibt weder Öffnungszeiten noch leere Regale. Das Angebot ist potentiell allumfassend und der Zeitaufwand ist gegenüber dem Videothekenbesuch zu vernachlässigen. Der Umstieg von traditionellen physischen Videoformaten (Videokassetten, DVD´s) auf virtuelle Formate ist daher nur noch eine Frage der Zeit. Obwohl derzeit noch eine Reihe von rechtlichen Unsicherheiten bezüglich virtueller Filmformate besteht und die Fehler der Musikindustrie (Stichwort „Napsterisierung") allgegenwärtig sind, ist Licht am Ende des Tunnels zu erkennen. Die unter dem Namen „Palladium" forcierte Initiative von Intel und Microsoft, sogenannte Urheberrechtsfunktionen direkt in den Prozessor der Hardware zu integrieren, erscheinen vielversprechend und zeitnah.

Bleibt also noch die Frage nach der Stellung von VOD innerhalb der Wertschöpfungskette. Derzeit ist es noch so, dass der VOD-Vertrieb nicht Kino-zeitnah, sondern erst nach der Distribution über stationäre Videotheken erfolgt. Dies ist aufgrund der bislang geringen Breitbandpenetration auch nachvollziehbar und sehr wahrscheinlich, dass sich dieses Fenster der Wertschöpfungskette mit der Zunahme von Broadband ebenfalls kontinuierlich verschieben wird. Für die Kinofilmwirtschaft entsteht dann die Chance, Kinofilme direkt digitalisiert zu transportieren und an den Endverbraucher weiterzuleiten – dies kann durch Upselling wie Merchandising, Making of etc. die Refinanzierungsmöglichkeiten entscheidend erhöhen.

Konsequenz der Digitalisierung: PVR's versus TV
Der TV-Markt stellt mit cirka 9 Milliarden Euro Gesamtvolumen eines der bedeutendsten Segmente der Medienindustrie dar. Rund 50 Prozent werden durch Werbung erzielt. Obwohl die Branche derzeit aufgrund der wirtschaftlichen Lage über die Entwicklung des Werbemarktes klagt, steht die eigentliche Herausforderungen, der sogenannte Strukturwandel noch bevor. Ähnliches was derzeit die Tagespresse im Bereich der Kleinanzeigen durch die Digitalisierung erlebt, steht dem Free TV in den nächsten 5 Jahren bevor. Das Unheil droht mit Namen PVR (Personal Video Recorders). Bei diesen Geräten handelt es sich um volldigitale Aufzeichnungs- und Speichermaschinen, welche Kapazität für mindestens 30 Stunden Programm und allerhand Zusatzfunktionen bieten. Diese Geräte speichern auf ihrer voluminösen Festplatte nicht nur Fernsehen digital auf, sondern wandeln das Material in ein gängiges Abspielformat um, brennen es auf CD oder DVD oder verschicken es weltweit

über Peer-to-Peer-Netzwerke (P2P) ins Internet. Dass dabei genauso einfach die Programmierung über das Internet erfolgt, die Werbung ausgeblendet bzw. übersprungen werden kann, muss die Free TV-Sender besonders alarmieren.

Kaum hat die Computerbranche die Vorteile dieser Geräte erkannt, bieten sie auch bereits PC´s an, die Fernsehen nicht nur empfangen sondern auch genau die selbigen Funktionen anbieten wie die so gefährlichen Videorekorder.

Für den Konsumenten sind/wären dies paradiesische Zustände. Die intelligente Programmierung gewährleistet, dass genau die Programm nach einer sogenannten Keyword Liste aufgezeichnet werden, welche den Nutzer interessieren. Vorbei die Zeiten des Zappings, denn wenn der Nutzer das Gerät einschaltet, steht im sein „personalisiertes TV-Programm" zur Verfügung. Eine im November 2002 von Forrester Research herausgegebene Studie sagt, „Five years from now, the shift to on demand tv will cut traditional ad-viewing by 19%" (Bild 1). Dabei geht Forrester davon aus, dass im Jahr 2007 genau die Hälfte aller US- Fernsehhaushalte mit entsprechenden „On-Demand TV" Geräten ausgestattet sein werden (15% mit PVR, 14% mit VOD only und 20% PVR + VOD).

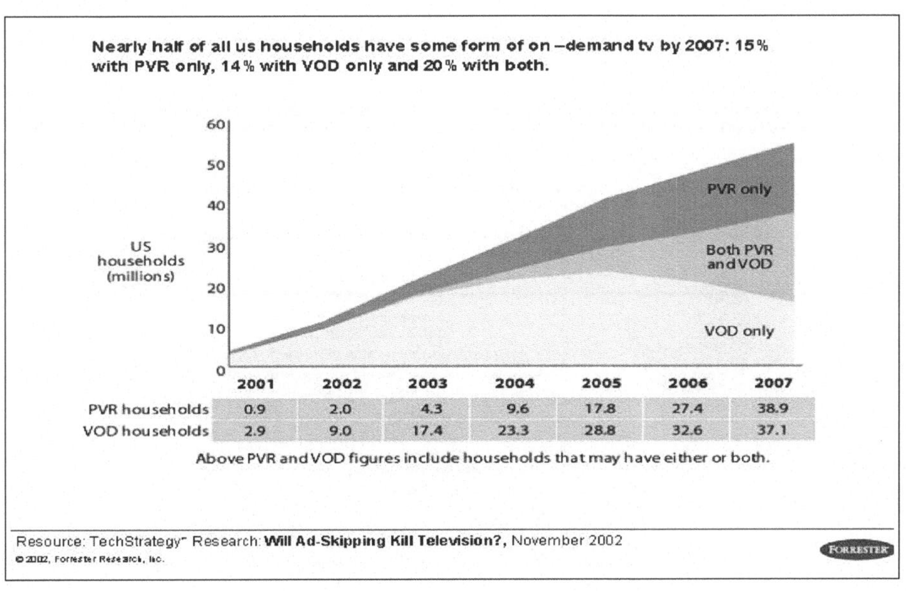

	2001	2002	2003	2004	2005	2006	2007
PVR households	0.9	2.0	4.3	9.6	17.8	27.4	38.9
VOD households	2.9	9.0	17.4	23.3	28.8	32.6	37.1

Bild 1

•Three in 10 Hours of TV Viewing will be On-Demand
•Forrester expects ON Demand Viewing from 3.5% of all viewing today to 28% in 2007
•PVR viewers go first to the hard drive, not to the tv listings
•Overall ad-viewing will drop by terrifying 19%
VCR/DVD
PVR hard drive
VOD
Real-time
Share of TV viewing time for all TV households
2.0%
1.4%
0.1%
96.5%
1.7%
6.2%
1.5%
90.6%
1.3%
20.5%
6.3%
71.9%
2002
2004
2007
Resource: TechStrategy™ Research: Will Ad-Skipping Kill Television?, November 2002
© 2002 Forrester Research, Inc.
FORRESTER

Bild 2

TV commercials will become less effective and budgets will shift "Strukturwandel"
New forms of Advertising have to come up: (product placement, sponsoring)
"If 30 million households owned PVRs and had the ability to skip ads while watching television, what would you do?"
Increase TV ad spending 1%
Spend the same on TV ads 23%
Decrease TV ad spending 76%
"How much less would you spend on TV advertising?"
1% to 10% 8%
11% to 20% 16%
21% to 30% 35%
31% to 40% 14%
41% or more 26%
(percentages do not total 100 because of rounding)
"On which kinds of ads would you decrease spending?"
National network advertising 71%
National cable advertising 65%
Local spots 60%
Local cable advertising 53%
(multiple responses accepted)
Base: 112 national advertisers
Source: Association of National Advertisers (ANA) and Forrester Research
Resource: TechStrategy™ Research: Will Ad-Skipping Kill Television?, November 2002
© 2002, Forrester Research, Inc.
FORRESTER

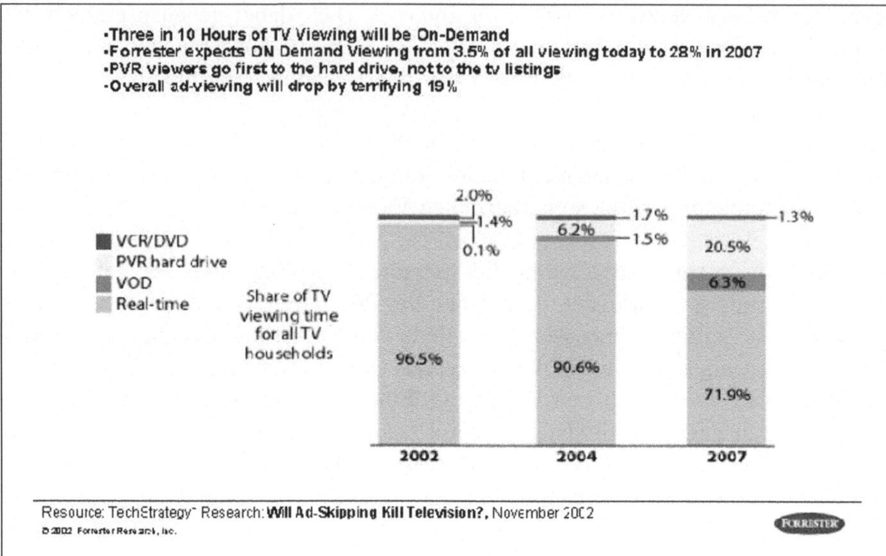

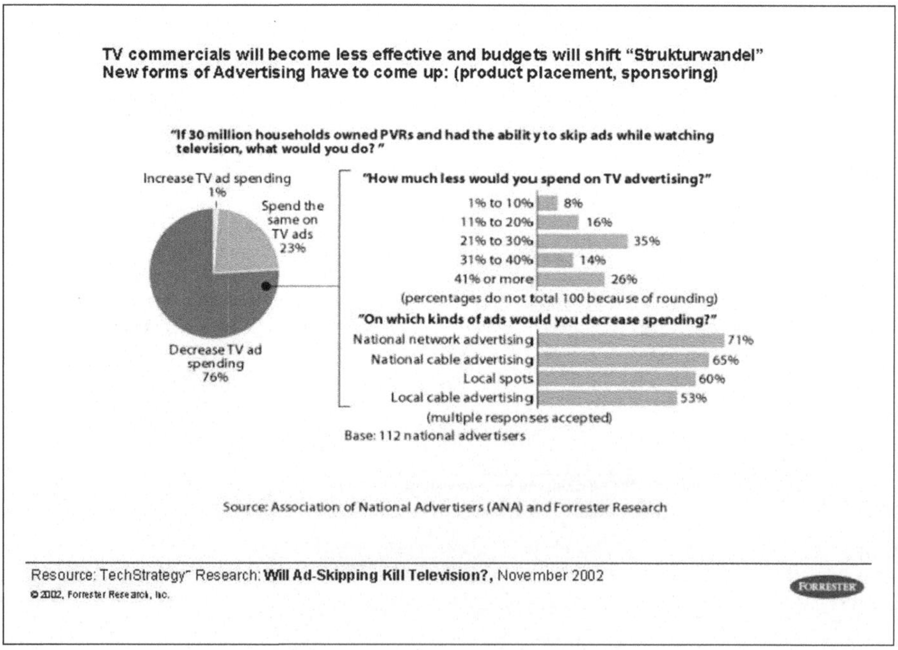

Bild 3

Liegt Forrester mit seinen Prognosen nur annähernd richtig, dass das sogenannte „on-demand viewing" auf 28% ansteigen wird und die TV-Spotaufmerksamkeit beziehungsweise die Werbeblockreichweite um 19% durch zurück gehen wird, wäre dies nach derzeitigem Vorstellungsvermögen ein gewaltiger Wandel für den TV-Markt (Bild 2, Bild 3).

Ob das Internet in der Form partizipieren wird, dass die werbetreibende Industrie als Alternative ihre TV-Spots künftig im Internet verbreiten wird, mit all den messbaren Vorteilen welche das Internet bietet – ist noch ungewiss.

Ein 7-Thesenpapier zum Thema „Streaming Media" finden Sie auf www.web-streaming.de sowie weitere Artikel zu diversen Online-Themen finden Sie auf www.internetbooks.de.

Herr Scheuer:
Bosch betreibt in Deutschland umfangreiche Breitbandkabelnetze. Diese bauen wir schrittweise zu hochleistungsfähigen Multimedianetzen aus, die große Kapazitäten für die Übertragung von Signalen im Teilnehmeranschlussbereich bereit stellen. Über diese Infrastrukturen können nicht nur TV- und Hörfunk-Programme in bester Qualität und bei zuverlässiger Versorgung übertragen werden, sie bieten auch einen Hochgeschwindigkeits-Internetzugang und die Möglichkeit zur Telefonie.

Beispielsweise reicht die Kapazität des kürzlich eröffneten Bosch-Netzes in Hagen (Nordrhein-Westfalen) für 54 analoge und mehrere hundert digitale Fernsehprogramme sowie 33 UKW-Hörfunkprogramme. Daneben bieten wir einen sehr schnellen Internet-Zugang an und haben Kapazitäten für Datendienste reserviert.

Diesen enormen Kapazitäten für die Übertragung digitaler Inhalte steht jedoch derzeit noch ein geringes Angebot auf der Content-Seite für den beginnenden Breitenmarkt gegenüber. Dies gilt vor allem für Internet-basierte Dienste. Hier muss dringend angesetzt werden, da der Kunde nur dann bereit ist, in die Umrüstung seiner Anlage zu investieren bzw. mehr Entgelt zu zahlen, wenn er dafür ein verbessertes Angebot bekommt.

Die flächendeckende Verbreitung der digitalen Angebote wird aus unserer Sicht und der vieler Marktpartner – unabhängig vom Übertragungsweg – vor allem von den Inhalten bestimmt werden. Bosch tritt auch bei neuen Diensten nicht als Content-Anbieter auf. Im Gegenteil: Wir bieten für Internet-Inhalte eine neutrale „IP-Plattform", die allen Diensteanbietern zur Verfügung steht.

IP-Dienste über Bosch-Netze sind ohne firmenspezifische Software nutzbar. Hier unterscheidet sich Bosch wesentlich von Anbietern wie T-Online oder AOL, bei denen jeweils spezielle Software auf den Rechner geladen werden muss. Wir bieten den Zugang mit der Standardsoftware von Microsoft, Macintosh oder Linux an. Vor allem (aber nicht nur) im Fernsehbereich, stimmen wir die Angebote, die in den jeweiligen Netzen übertragen werden, eng mit unseren Kunden ab.

Aus Bosch-Sicht ist für Netzbetreiber das Transport-Modell der Weg, der allen Interessen am besten gerecht wird. Er bietet eine klar definierte und von Zielkonflikten freie Position in der Wertschöpfungskette und stellt gleichzeitig die beste Voraussetzung für die Realisierung diensteabhängiger, unterschiedlicher Geschäftsmodelle mit Content-Anbietern dar. Es ist bekannt, dass es große Netzbetreiber gibt, die dies anders sehen.

Viele Netzbetreiber sind in Vorleistung getreten, um das digitale Fernsehen voranzubringen. Sie haben hohe Summen in den Ausbau ihrer Kabelnetze investiert und werden dies auch weiter tun. Eine Erhebung unter den in der ANGA zusammengeschlossenen Netzbetreibern hat ergeben, dass diese Unternehmen im Jahr 2002 rund 270 Millionen Euro allein in den Aus- und Aufbau ihrer Netze investieren werden.

Bosch Breitbandnetze orientiert sich bei seinen Netzausbauplänen am Bedarf der Kunden – Wohnungswirtschaft und Endkunden – sowie zunehmend am Bedarf der Inhalte-Anbieter. Es gibt aus unserer Sicht jedoch vier große Hindernisse, die einem raschen, flächendeckenden Netzausbau im Wege stehen. Dies sind:

1. Fehlender Content für Breitbandnetze
   Hier gibt es ein für den Hochlauf neuer Märkte typisches Henne-Ei-Problem: Fehlender Content für den Breitenmarkt bzw. fehlende Absatzwege für Content-Anbieter.
2. Die Unklarheit über die Erwerber der DTAG/KDG Netze
   (Es handelt sich ja nicht um ein Netz wie häufig zu lesen ist, sondern um über 3000 Netzinseln.) Damit fehlen noch die Antworten auf folgende Fragen:
   – Was sind die Ziele der neuen Eigentümer?
   – Wie sehen die Geschäftsmodelle aus?
   – Wie ist die Ausbaustrategie?
   – Ist die Bereitschaft zur Kooperation vorhanden?
   – Wie lange bleiben die Finanzinvestoren in Deutschland, die in deutsche Netze investieren?

Von der Beantwortung dieser Fragen hängt ab, wie die anderen Netzbetreiber – von denen ja ein Teil ihre Signale überwiegend aus den DTAG-Netzen beziehen – ihre Netze ausbauen.

3. Die subventionierte Einführung von DVB-T
   Sie ist aus folgenden Gründen kein geeigneter Weg in die digitale Fernsehwelt:
   – DVB-T zielt mit begrenzter Übertragungskapazität bei ungerechtfertigt hohen Investitionen auf ein bereits bedientes Marktsegment ab.

- DVB-T erfordert mehr Sender pro Fläche mit jeweils höherer Senderleistung als das Analogfernsehen.
- DVB-T ist für mobile Dienste wenig geeignet.
4. Unverständliche Urheberrechtsforderungen einzelner Programmanbieter und Verwertungsgesellschaften sind genauso wenig hilfreich für die Entwicklung partnerschaftlicher Geschäftsmodelle wie hohe Einspeisegebühren der DTAG und ihrer Nachfolgegesellschaften gegenüber den Programmanbietern und die völlig überzogene Preiserhöhung der KDG vom November 2002.

Die Digitalisierung verändert die Hörfunk- und Fernsehwelt sicherlich nicht grundlegend, ermöglicht aber mehr und neue und zumindest in technischer Hinsicht bessere Angebote. Zudem beseitigt sie die Notwendigkeit zur Mangelverwaltung der Fernsehkanalplätze durch die Medienanstalten. Es gilt nun, die bestehenden Geschäftsmodelle weiter zu entwickeln.

Dem Breitbandkabel mit seiner überragenden Übertragungskapazität kommt eine besondere Bedeutung zu, da es – wie jüngste Studien zeigen – die wirtschaftlichste Möglichkeit bietet, um digitale Angebote voranzubringen. Eine Düsseldorfer Beratungsgesellschaft hat ermittelt, dass das Kabel der eindeutig günstigste Weg ist, wenn man die Kosten einer Übertragungsform mit der Anzahl der Nutzer ins Verhältnis setzt. Die ermittelten jährlichen Kosten pro Fernsehprogramm je nutzende Wohneinheit liegen danach beim Kabel bei 14 Cent, beim Satellit bei 49 Cent und bei der terrestrischen Übertragung bei 24,50 Euro. Diese Zahlen sprechen für sich!

In Deutschland sind rund 60 Millionen TV- und Video-Geräte im Betrieb. Die Lebensdauer der Geräte beträgt im Durchschnitt etwa 15 Jahre. Niemand kann ernsthaft annehmen, dass diese Menge an Geräten kurzfristig ausgetauscht werden kann oder dass 60 Mio. Set-Top-Boxen absetzbar wären.

Der Weg zur digitalen Übertragung kann nur über eine Simulcast-Ausstrahlung analog und digital gehen. Bosch ist darauf vorbereitet. Unsere Kabelnetze sind zu einem großen Teil auf 862-MHz-Technik ausgelegt (DTAG 450 MHz), und wir werden die Programme in einer langen Übergangszeit analog und digital übertragen.

Die erforderlichen Investitionen der Betreiber in die Aufrüstung ihrer Netze zu Kommunikationsnetzen müssen wirtschaftlich zu rechtfertigen sein. Denn jüngste Erfahrungen zeigen: Mit Ausbauplänen ins Blaue hinein ist keinem gedient.

Wichtig hingegen ist: Alle Marktpartner sollten die Voraussetzungen dafür schaffen, dass die leistungsfähigste Infrastruktur für die Verbreitung digitaler Angebote weiter ausgebaut werden kann. Die Politik sollte den Ausbau durch geeignete Rahmenbedingungen begleiten und nicht durch Subventionen den Wettbewerb verzerren.

Dr. Stein

Ich berichte Ihnen über den Stand der Dinge bei Premiere. Mit Ihrem Titel „Wie verändert die Digitalisierung unser Geschäftsmodell" kann ich leider nichts anfangen, da Premiere ja digitaler Natur ist, bis zu einem Grade, dass sogar vor Jahren Digital TV und Pay TV irrtümlicherweise immer miteinander verwechselt oder gleichgestellt wurden.

Also, wir sind digital von Anfang an. Das Geschäftsmodell hat sich nicht geändert, allerdings müssen sich die Konzepte zum Erfolg ändern. Als solches sehen wir uns als eine neue Firma. Seit 1.7.2002 gibt es das neue Premiere, und die Veränderungen, die in der Zwischenzeit durchgeführt wurden, sind so umfangreich, dass wir ein eigenes Seminar daraus gestalten könnten, was aber hier nicht die Absicht ist. Gehen Sie davon aus, dass es eine komplett neue Firma ist. Neu heißt: Man muss neue Konzepte dadurch umsetzen, indem man Tabus bricht und indem man Weltneuheiten einführt für den Bereich Abonnement-Fernsehen. Wir haben drei davon gebrochen:

Das erste ist, dass wir uns von proprietären Mietreceivern verabschiedet haben. So wie alle Pay TV-Betreiber mussten auch wir 1996 etwa mit proprietären Geräten starten, da es keinen Markt gab und das digitale Fernsehen durch diese Betreiber erst geschaffen wurde. Das heißt, wir haben kein eigenes Gerät. Im August gab es in Deutschland 286 verschiedene digitale Empfangsgeräte im deutschen Handel zu kaufen und wir glauben nicht, dass das 287ste diesen Markt grundsätzlich durcheinander bringt, allenfalls im negativen Sinne. Sprich: Wir arbeiten mit der Consumer-Elektronikbranche in Kaufmodellen ähnlich wie bei Handys. Wenn Sie das Gerät mit Premiere-Abo kaufen, wird es kostengünstiger angeboten. Ansonsten kaufen Sie es eben ohne.

Die Geräte werden sowohl Satelliten, Kabel als auch terrestrische Verbreitung berücksichtigen. Wir haben in Berlin einen Antrag auf ein Multiplex gestellt, um auch im Terrestrischen dabei zu sein, denn warum sollte das Diensteangebot abhängig sein von der physikalischen Übertragung. Das können wir nicht so ganz richtig verstehen, und ein terrestrisches System ist ein zellulares, bringt also einen regionalen Charakter hinein. So werden wir auch ein Programmangebot haben, das diesem regionalen Charakter Rechnung trägt.

Der zweite Tabubruch: Unser Verschlüsselungssystem ist auf ein Common Interface Modul portiert worden. Wir sind der erste Abo-TV-Anbieter, der seinen Kunden ein solches Modul unentgeltlich zur Verfügung stellt. Das heißt, der Kunde hat die Wahl: Entweder er kauft ein Gerät, das schon premieretauglich ist oder er kauft eins mit Common Interface. Dann bekommt er von uns dazu das passende Modul, wenn er ein Abo abschließt. Das ist nicht so ganz ‚State of the Art' bei Pay TV-Betreibern.

Der dritte Punkt: Wir geben unsere proprietäre Middleware auf, zumindest dort, wo wir das tun können, nämlich bei knapp 2 Millionen d-boxen der zweiten Generation und werden diese proprietäre Middleware, bisher Betanova genannt, per Software-download auf MHP umstellen. Unabhängig von aller Diskretion über die Marktent-wicklung von MHP und Fluch oder Segen und Gut oder Schlecht – wir können uns hier selbst helfen, indem wir etwa diese knapp 2 Millionen Geräte schaffen und damit der Aufgabe enthoben werden, Neuapplikationen sowohl in proprietärer Form, sprich Betanova, als auch in MHP-Form für neue Geräte zu entwickeln. Wir brauchen das dann nur einmal zu tun und können außerdem dann, weil nicht proprietär, Applikationen im Markt kaufen.

Unter dem Strich haben alle diese Maßnahmen „Das neue Premiere" dazu geführt, dass wir sehr positive Ergebnisse haben. Wir haben in diesem Jahr Wachstum im Gegensatz zu anderen Medien in Deutschland. Wir haben in der letzten Woche die Grenze von 2,5 Millionen Nettoabonnenten überschritten. Wir können nicht einmal mehr ganz ausschließen, dass wir Ende des Jahres 2,6 Millionen haben. Sie wissen, dass wir 2004 ein Netprofit anstreben, und dass der Investorenprozess nahezu abgeschlossen ist, und es wird um die letzten Formalierungen in diesen vertraglichen Dingen gehen.

Wie geht es weiter? Was sind die nächsten Schritte? Wir sind bei Premiere in der glücklichen Lage, einen sehr technisch aufgeschlossenen Klientel zu haben. Etwa 30 % unserer Kunden haben einen ADSL-Anschluss. Über 60 % haben einen ver-netzten PC zuhause. Das heißt, dass unsere Kunden sehr technisch aufgeschlossen sind und die anderen Medien nutzen. Also werden wir Internet und Mobiltelefonie mit in unsere Dienste einbeziehen, beispielsweise unsere Bestellung von Pay-Per-View-Filmen kann man heute auf verschiedenen Wegen machen. 80 % tun das heute über eine automatische Voice-Telefonie. Aber 10 % tun es über Internet, und seit dem 20. Oktober d.J. bieten wir auch an, dass man über Handy und SMS einen Film bestellen kann. Nach der ersten Woche haben das bereits 5 % unserer Kunden getan. Das heißt also eine außerordentliche Akzeptanz von diesen technischen Möglich-keiten. Und im Gegensatz zu früher wollen wir die Kunden nicht technisch umer-ziehen, sondern ihnen sagen, dass jeder den Weg wählt, welche Geräte, welche Technik ihm am liebsten ist. Da wird er auch zu unserem Abonnement oder zu unseren Diensten kommen.

Der nächste Schritt nach dieser Integration von Internet und Mobiltelefon sind inter-aktive Dienste, zunächst im Bereich der Kommunikation. Wenn wir 2,5 Millionen Kunden haben, die über eine 200 MB/sec Datenleitung, 24 Stunden, das ganze Jahr verbunden sind, gibt es doch eine Menge Kommunikationsmöglichkeiten auch von außen in dieses Netz. Das werden wir nutzen; aber nicht für Email – mit Keyboard auf den Knien vor dem Fernseher sitzend und dort Attachments aufmachen. Das werden wir sicher nicht anbieten, sondern wir werden Transaktionen über die Inter-aktivität anbieten, Bestellungen von Merchandising bis Filmen. Wir werden uns natürlich aktiv damit beschäftigen wie wir die jetzt erscheinenden Geräte (zurzeit gibt 36 im deutschen Markt, die mit einer Harddisk ausgestattet sind) für uns geschäftlich nutzen können. Vielen Dank.

Herr Zeilhofer

Die Veränderungen der Video- und Rundfunkmärkte durch digitale Programm-Angebote sind vor allem an der Nutzung von Medieninhalten abzulesen: On demand, beliebig oft wiederhol- und kopierbar, in unterschiedlichen Qualitätsstufen und Bandbreiten abrufbar, interaktiv, live oder zeitversetzt – digitale Content-Angebote bringen den Nutzern Information und Unterhaltung wann, wo und in welcher Form auch immer er es wünscht. Die Palette der Zugangsmöglichkeiten und der vom Nutzer ausgewählten Endgeräte bei digitalen Angeboten wächst ständig. Daraus sind neue Geschäftsmodelle und Wertschöpfungsketten im digitalen Medienzeitalter entstanden, die heute multiple Erlösströme sichern können und für Medienhäuser wie RTL die Abhängigkeit von reinen Werbeerlösen mindert.

Die digitale Verbreitung von Medien-Angeboten via Internet, TV, Radio, Print oder Mobilfunk hat zu stetig wachsenden Anforderungen an die Programm-Macher geführt. Dabei fragt der Kunde zunehmend integrierte Medienangebote nach, erwartet gleichzeitig aber eine dem spezifischen Medium angepasste Aufbereitung der Programme sowie maßgeschneiderte Zahlungsmöglichkeiten je nach Medium oder Empfangsgerät. Einzige Maxime von Programmanbietern wie RTL ist dabei die Attraktivität der Inhalte – unabhängig von den neuen Herausforderungen durch die Digitalisierung von Medieninhalten durch Bewegtbildinhalte oder interaktive Applikationen. Welche Technik letztlich das Konsumieren von Information und Unterhaltung ermöglicht, ist für den Zuschauer nicht relevant. Mit der einen Einschränkung: Sie muss leicht zu verstehen und zu bedienen sein.

Entscheidend für den Erfolg digital verbreiteter Inhalte ist und bleibt deren Attraktivität und Nutzwert. Sowie die Frage, wie schnell der Zuschauer/User die neuen, digitalen Möglichkeiten und Funktionalitäten annimmt. Interaktivität setzt immer die Bereitschaft voraus, dass sich die Zuschauer aktiv an Programmen/Inhalten beteiligen. Besonders deutlich wird dies beim interaktiven TV, dessen Erfolg – neben technischer Reichweite und der Attraktivität der Inhalte – auch davon abhängt, ob die Zuschauer lernen, das Medium Fernsehen neu zu erleben.

Bislang beschränkt sich die Nutzung der Fernbedienung aufs Zapping oder Funktionen wie „laut" und „leise". Dies soll sich in Zukunft ändern. Erste „Lernschritte" gehen die Zuschauer der RTL-Sender im analogen Teletext. RTL NEWMEDIA setzt hier vermehrt auf ansatzweise interaktive Anwendungen wie den SMS-Chat to Teletext, Farbtastenspiele zu Quizformaten oder Gewinnspiele, bei denen telefonisch Antworten übermittelt werden. Die Erfahrungen, die RTL NEWMEDIA mit diesen neuen Anwendungen sammelt, werden für die Programmgestaltung des digitalen TVs von erheblicher Bedeutung sein. Denn hier zeigt sich schon heute, für welche Themen sich die Zuschauer interessieren und für welche nicht, wie es um die Zahlungsbereitschaft bestellt ist und wie kompliziert bzw. anspruchsvoll Anwendungen sein dürfen.

Auch wirtschaftlich müssen sich die Medienhäuser auf neue Szenarien einstellen. Denn sie sind durch die Digitalisierung der Video- und Rundfunkmärkte zur Anpassung an neue oder sich verändernde Wertschöpfungsketten gezwungen. Dies hat unmittelbar zur Folge, dass verschiedene Geschäftsmodelle bedient werden. RTL hat hier in den Bereichen Internet, Fernsehen, Telefonmehrwertdienste, Teletext und Mobilfunk früh bewährte Geschäftsfelder Schritt für Schritt und marktgerecht ausgebaut und parallel neue Business Modelle mit Erfolg umgesetzt. Zudem hat RTL Newmedia digitale Programm-Archive von Anfang an konzernintern unter Nutzung von Synergien aufgebaut, was angesichts der Vielfalt der Anforderungen an digitalen Content eine effiziente und effektive Bereitstellung ermöglicht.

Klassische Vermarktung durch Werbeerlöse, neue Werbeformen, Direkt Marketing und Pay-Angebote bilden die Gruppe der Geschäftsmodelle für digitale Inhalte, die den unterschiedlichen Kunden- und Programmgruppen sowie den diversen neuen digitalen Medienverbreitungswegen gerecht werden. Je nach Teilbranche und Entwicklung einzelner Programmangebote in TV, Internet, Mobilfunk, Teletext oder Broadband erfolgt dabei eine Anpassung an das Verhalten der Konsumenten und die Besetzung der attraktiven Stellen der Wertschöpfungskette durch RTL.

Die privaten TV-Sender der RTL Group haben mit ihren Newmedia-Aktivitäten die Veränderung der Medienmärkte durch Digitalisierung technisch wie inhaltlich als Chance begriffen und bei DSL-Anwendungen ebenso wie bei Digital-TV und MHP häufig Meilensteine für die Verbreitung von Programmen gesetzt. Geleitet durch die Überzeugung, dass neue digitale Formate, Standards und technische Verbreitungswege nie Selbstzweck sind, sondern nur durch maßgeschneiderte Programme für attraktive Kundengruppen wirtschaftlich erfolgreich betrieben werden müssen, begrüßen RTL und seine Partner die Veränderungen durch die Digitalisierung und nutzen die daraus entstehenden neuen Marktchancen.

Herr Siegloch:
Danke schön. Was für mich das Verblüffende dabei ist: Wir reden hier offensichtlich über zwei verschiedene Menschenbilder. Wir haben die Coach Potatoe, den Konsumenten, der zurückgelehnt in seinem Sofa vor dem Fernseher sitzt, und dann haben wir diesen aktiven Konsumenten, der, wie wir jetzt gehört haben, mit seinem kleinen PC vor seinem Fernseher sitzt und nicht nur das Programm verfolgt, sondern gleichzeitig spielt, möglicherweise auch noch einkauft. Wer ist denn nun eigentlich unser Konsument, auf den wir hier unsere Zielvorstellungen richten?

Was meinen Sie Prof. Hess? Sie sind ja keine Partei hier und haben auch nicht irgendwo eine rosa geprägte Erwartungshaltung. Wovon können wir denn ausgehen in den kommenden zehn Jahren?

Prof. Hess:

Meinem Eindruck nach war es bisher einfach so, dass wir durch die Technik in unseren Möglichkeiten so beschränkt waren, dass es nur eine Variante gab. Und diese Variante war das lineare Programm, das bisher auch sicherlich seine Existenzberechtigung hatte und – das hatte ich heute auch schon betont – partiell weiter notwendig sein wird. Es gibt aber Dinge, die praktisch in dieses lineare Schema eingezwängt waren, und daraus ergeben sich einfach Bedürfnisse oder auch Bedarf, der letztlich zu Einzelabfragen „on Demand" führt. Um ganz konkret zu antworten: Wir werden langfristig in großem Maße weiterhin den klassischen Coach Potatoe haben, der sein Programm vielleicht ein bisschen spezialisierter haben will, aber doch „bedient" werden möchte. Es wird zunehmend auch einzelne Bereiche geben, die letztlich über On-Demand-Dienste bedient werden.

Herr Siegloch:

Herr Graßmann, Sie haben das Problem, dass Sie jetzt möglichst schnell mit T-Online, mit einem Portal in die Gewinnzone kommen, um auch die Gesamtschuldenlast des Unternehmens ein bisschen zu drücken. Ich habe gelesen, dass das Thema Sex bei Ihnen auf keinen Fall in Frage kommt. Womit können Sie denn jetzt auch bei Visionen Geld verdienen? Sie machen „Gute Zeiten, schlechte Zeiten" etwas vor der Ausstrahlung und solche ähnlichen Modelle. Vielleicht können Sie einmal erzählen, wofür Leute wirklich Geld ausgeben, um etwas früher zu haben.

Herr Graßmann:

Die ISP-Anbieter haben den Vorteil, dass sie auf einer relativ gesunden Basis agieren und neue Geschäftsmodelle entwickeln können. Denn die Kunden zahlen ja nach wie vor für den Zugang ins Internet. Damit verdient T-Online vornehmlich Geld. Wir haben gesagt, dass wir innerhalb der nächsten Jahre bis zu 30 Prozent unserer Umsätze auch aus diesen neuen Geschäftsmodellen im Bereich Non-Access erzielen wollen. Dabei ist Content nur eine von vier möglichen Erlösarten. Werbung ist das weitere. Daneben sehen wir zurzeit die Felder eCommerce, Paid Services und dann natürlich Paid Content. Bei Paid Content, und das ist wahrscheinlich heute ein wichtiges Thema, sind es vor allem On-Demand-Angebote, die Kunden interessieren. Nur ein Beispiel an dieser Stelle für ein erfolgreiches Format im Bereich Paid Content ist „Gute Zeiten, Schlechte Zeiten", das wir gemeinsam mit RTL New Media anbieten. Dieses Format offerieren wir konsumgerecht, sprich die meisten jungendlichen Fans der Serie können die aktuelle Folge bei T-Online downloaden und zum Beispiel bereits um 13 Uhr nach der Schule sehen. Den offiziellen Sendetermin um 17.30 Uhr müssen sie nicht abwarten. Haben sie keine Zeit, ermöglicht ihnen das Angebot über T-Online die Soap auch zu einem späteren Zeitpunkt zu sehen.

Herr Siegloch:

Darf ich einmal ganz kurz nachhaken. Um was für eine Größenordnung handelt es sich dabei? Wie viele Leute gucken sich so etwas an, d.h. was bringt das letzten

Endes auch für das Unternehmen? Sie müssen da keine genauen Summen nennen, aber ist das ein Bereich von Tausenden, die da gucken oder sind das Hunderttausend?

Herr Graßmann:
Wir haben pro Format Hunderte bis Tausende von Nutzungen täglich. Bei T-Online erhalten die Konsumenten zahlreiche On-Demand-Formate zu unterschiedlichsten Themen, also aus einer Hand. Sie müssen nicht aufwendig im Netz recherchieren. GZSZ ist eines unserer erfolgreichsten Formate, weitere sind z.B. der Testbericht von Auto-Motor-Sport – alles Contents mit einem extrem hohen Nutzwert. Entertainment-Inhalte wie Musik oder Filme – die hohes Nutzungspotenzial erwarten lassen – können den Konsumenten natürlich noch nicht so angeboten werden, wie wir uns das wünschen. Wir können hier folglich noch nicht über nennenswerte Umsätze sprechen. Im Bereich Musik muss sich die Plattenindustrie selbst erst einmal einig werden. Aber wenn diese Angebote stehen, sind das sicher weitere Erlösquellen. Wir sehen hier künftig ganz klar Umsatzpotenzial. Auf den T-Online-Seiten gibt es bereits round about 3.000 bezahlfähige Contents im Internet – daraus können die Konsumenten dann den für sie interessanten Inhalt auswählen und downloaden.

Herr Siegloch:
Herr Hörning, Sie haben vorhin auch das Thema eCommerce mit erwähnt. Was glauben Sie denn: Wie groß wird das Volumen z.B. von eCommerce sein in diesen neuen Techniken, das Einkaufen zum Beispiel über diese Plattform? Wird das ein wirklicher Geschäftszweig bleiben, der einen vernünftigen Gewinn generieren kann? Was raten Sie Ihren Leuten als Berater?

Herr Hörning:
Glücklicherweise stehen wir nicht vor solchen Fragestellungen im Rahmen unserer Mandate. Ich kann diese Frage, um ehrlich zu sein, nicht abschließend beantworten. Ich hielte es auch gerade vor dem Hintergrund der vergangenen 2½ Jahre für vermessen, dahingehend eine Aussage zu machen. Ganz wesentlich für den Erfolg solcher Geschäftsmodelle wird der Entertainmentcharakter dabei sein. Ich weiß nicht abschließend, inwieweit so etwas bereits technologisch und ökonomisch abbildbar ist, aber wenn Sie sich beispielsweise den neuen Film von James Bond, der jetzt auf den Markt gekommen ist, anschauen und wenn Sie sich für die Mode, die Pierce Brosnan trägt, interessieren, können Sie diese anklicken und kaufen. Vielleicht ist das eine „Killerapplikation". Das Wort ist heute schon einmal gefallen. Aber ich vermag es ehrlich noch nicht zu sagen.

Herr Siegloch:
Also, da ist auch das Prinzip eher Hoffnung, dass das funktionieren könnte.

Herr Hörning:
Das ist nicht das Prinzip Hoffnung, weil ich nicht weiß, ob es in der Tat diese großen Renditen und solche großen Volumen generieren wird. Das ist das Prinzip Abwarten. Wir Berater sprechen auch von strategischen Lücken, und erst wenn die identifiziert werden, kann man da hinein stoßen, aber nicht vorher.

Herr Siegloch:
Herr Mayer, es hat mich fasziniert, dass Sie gesagt haben, es gibt eine Million Film-Downloads – habe ich das richtig verstanden – jeden Tag auf der Welt?

Herr Mayer:
Ja, das ist richtig.

Herr Siegloch:
Jeden Tag eine Million. Aber die zahlen ja alle nichts, oder?

Herr Mayer:
Auch das ist richtig. Das ist verbunden mit dem Stichwort der „Napsterisierung". Das ist das Henne-Ei-Problem. Die Leute suchen aufgrund ihrer technischen Möglichkeiten nach den Filmen im Netz, insbesondere nach den Top Blockbuster-Filmen. Diese sind derzeit jedoch noch nicht legal verfügbar. Wieso auch? Die Bandbreite ist zwar da, aber die Penetration dieser Anschlüsse mit derzeit gerade einmal knapp 3 Millionen Anschlüssen ist einfach noch viel zu gering, als dass die Inhalteanbieter da schon sehr stark auf dieses Feld setzen. Das ist im Übrigen auch dieses Verhalten von Yahoo. Wir investieren jetzt nicht massiv und sagen: Video on Demand und Streaming ist der absolute Megahype, sondern wir haben im Moment andere Aufgaben, die wir zu bewerkstelligen haben, aber wir gehen ganz behutsam auch schon mit diesem Thema um, sammeln erste Erfahrungen. Was ich vorhin über das Video on Demand Angebot sagte, kann man auf Yahoo anschauen, aber auch den Bond Trailer. Im Sommer dieses Jahres hat man zur Fußballweltmeisterschaft auch auf bezahlte Art und Weise auf Yahoo! für 19 Euro sich Videoclips der Fußballwelt-meisterschaft anschauen können. Da merkt man schon, dass, wenn der Content stimmt und er attraktiv genug ist, dass eine Zielgruppe da ist, die bereit ist zu bezahlen. Wir sehen ganz konkret auch ein verstärktes Engagement auf diesem Gebiet, wenn wir dann wirklich einmal über eine Größenordnung von 7 bis 10 Millionen Breitbandanschlüssen in Deutschland verfügen.

Diese Zahl von einer Million täglichen Downloads, die ja auf illegale Weise statt-finden, werden durch Peer-to-Peer Netzwerke, über die wir jetzt schon so viel gehört haben, möglich. Ein Peer-to-Peer Angebot könnte Yahoo! technisch heute auch schon bedienen. Wir haben ein Produkt, den Yahoo-Messenger. Es gibt drei große Messenger weltweit, den AOL-Messenger, den Microsoft-MSN-Messenger und den Yahoo-Messenger. Mit dem Yahoo! Messenger habe ich die Möglichkeit, alle meine Freunde auf dieser Liste hinzuzufügen und dann kann ich erkennen, ob die gerade online sind. Wenn er online ist, habe ich ein entsprechendes Lichtchen an. Dann kann ich ihn anpagen und bei ihm poppt etwas auf. Genau so kann man diesen Messenger heute nutzen, um ihm den Datenfile zu schicken. Ich kann ihn aber auch nutzen, um ihm eine Datei zu schicken. Ich könnte dem Nutzer aber auch erlauben, dass Sie oder wer auch immer auf meine Festplatten zugreifen und entsprechend mein digitales Videoarchiv, das ich zuhause habe, das ich selbst aufgenommen habe, anderen somit zugänglich mache.

Herr Siegloch:
Unglücklicherweise bezahlt keiner etwas dafür.

Herr Mayer:
Das ist ein ganz großes Problem. Wie kann man die Napsterisierung in den Griff bekommen? Ich denke, da sind Softwareanbieter genauso wie die Endgeräteindustrie gefordert und natürlich auch Portale wie T-Online, Yahoo. Bei uns gibt es keine Anleitungen auf Yahoo, die dem User genau erklären, wie man den Kopierschutz knackt und all diese illegalen Dinge macht.

Herr Siegloch:
Das wissen die sowieso, nehme ich an. Ich habe nur noch einmal ganz kurz nachgefragt, weil das also heißt, dass dieses Video on Demand sei für Yahoo für das Portal in Zukunft auch eine interessante Geschäftsidee. Habe ich Sie richtig verstanden? Es steht aber nach wie vor auch in den Sternen, wie viel Sie damit generieren können, wenn die Leute überhaupt nichts zahlen.

Herr Mayer:
Das ist in den Businessplänen fester Bestandteil, der Bereich des Digital Commerce. So wie wir heute schon ganz verlässliche Umsätze über den Bereich eCommerce generieren. Ich bestelle mir die Bücher, die CDs, die Anzüge, alles Mögliche. Gerade jetzt im Weihnachtsgeschäft werden wir das wieder sehen. ECommerce macht im Übrigen schon 1,5 % des Umsatzes in den USA aus, über alle Vertriebsformen hinweg; Einzelhandel, Versandhandel etc. Das ist schon ein Milliardenbusiness. Man kann es an den Umsätzen erkennen, die ein ebay oder ein Amazon macht. Wir sehen uns als Bestandteil dieses Business in Zukunft auch als Plattform mit einer hohen Reichweite. Und so machen wir das heute schon. Wir bieten einem Film-Studio beispielsweise an: auf Yahoo! seine Filme zu featurn. Yahoo! gewinnt für das Studio Neukunden und partizipiert dann durch die Vermittlung des Kunden und die darüber entsprechenden Umsätze. Das wäre ein Modell. Beim Fifa- World Cup war es ein anderes Modell.

Herr Siegloch:
Ja. Video on Demand. Herr Dr. Stein, dann brauchen wir Premiere doch gar nicht mehr, oder?

Dr. Stein:
Das ist richtig. Wenn es geht wie in den Powerpoints, die immer über Lösungen und über Kosten gar nicht sprechen. Wenn das so funktionieren täte, dass immer über Knopfdruck alles umsonst sofort kommt mit unbegrenztem Bildvorrat. Nur sind wir sehr beruhigt, dass da noch ein paar Jahre vergehen werden, in denen wir danach Geld verdienen können. Wir versuchen natürlich als Broadcaster, als Abo-Fernsehsender, an dieses Wunschmodell des Video on Demand so nahe wie möglich zu kommen. Es gab eine Demonstration über VOD Orlando; die Älteren unter uns wissen noch, dass da Legionen hingepilgert sind, um die fünf Kunden anzugucken. Wir versuchen zunächst einmal dieses Video on Demand so zu machen wie es ökonomisch sinnlos ist, nämlich über zeitversetztes Senden des gleichen Programms über verschiedene Kanäle. Das ist immer unattraktiv und teuer. Die Hoffnung, die wir da haben, ist erstens, dass wir über neue Leitungen, über Rückkanaltechniken, uns da mit anbinden können an diese berühmten Breitband- und viele Millionen Filme. Aber dummerweise gegen Entgelt, weil wir das natürlich mit abrechnen wollen. Oder das andere ist, dass wir die Harddiskpopulation nutzen können. Da sehe ich die Funkausstellung im nächsten Jahr als einen Zeitpunkt, wo es sehr breite Angebote geben wird. Auch heute liegen die günstigsten Geräte schon bei 499 Euro unsubventioniert. Wenn ich dort davon ausgehe, dass wir das für 80 Gigabyte-Disks haben werden, habe ich darauf 80 bis 100 Stunden Film, die ich speichern kann. Wenn wir einen Teil dieser Kapazität dann gegen ein Abo, gegen ein Entgelt, für uns reservieren, würden wir dann den Kunden gern nachts Filme, wie sie es gern hätten – 10 pro Nacht, pro Woche, pro Monat, pro Jahr … verschiedene Angebote geben. Dann brauchen wir das nicht mehr zeitversetzt zu senden über ganz viele teure Kanäle, sondern nur einmal – Kapazität haben wir nachts auch – und dann kann am nächsten Tag der Kunde on Demand sofort gucken. Das ist natürlich gegen Entgelt. So finanzieren wir uns. Das andere warten wir ab.

Herr Siegloch:
Ich würde gern einmal nachfragen, weil man doch gerade gelesen hat, dass es jetzt Movie-Link gibt, wenn auch erst als Versuche. Das heißt also, dass Ihre großen Lieferanten MGM, Paramount, Warner Brothers und Universal gehen nun selber mit einem Angebot ins Internet, und damit haben sie dann das letzte Glied der Wertschöpfungskette selbst in der Hand. Sehen Sie da nicht mittelfristig eine Bedrohung?

Dr. Stein:
Dass es verschiedene Wege zum Ziel gibt, war immer so und wird auch immer so bleiben. Es gibt konkurrierende Wege. Wenn Sie heute Musik konsumieren wollen, gibt es ganz viele Verteilwege wie Sie an diese Musik auch in digitaler Natur herankommen. Ich denke, dass alle diese Versuche ganz nett sind, aber den Fernsehkonsumenten als solchen nicht unmittelbar erreichen werden. Das ist unsere Domäne und mit der können wir gut leben. Dass es alternative Angebote gibt, dagegen spricht ja nichts.

Herr Siegloch:
Ja. Wollten Sie noch kurz etwas ergänzen.

Herr Mayer:
Im Übrigen sehe ich Premiere viel besser positioniert als jeden klassische Free TV Fernsehsender, weil da schon die direkte Kundenbeziehung besteht und ich mir auch ein „Premiere IP" vorstellen könnte, also internetbasiert, welches im Abonnement über ein Upselling-Bundle enthalten ist.

Aber ich möchte zu dem Thema Downloads auf Festplatte noch einen Satz hinzuzufügen: Was ich mir persönlich als Nutzer wünschen würde, wäre, dass ich einen dieser modernen digitalen Videorekorder zuhause habe, wahrscheinlich wird es nicht nur ein Videorekorder sein, sondern es wird einer der neuen PCs von Sony oder Hewlett Packard sein, dieses so genannte Mediacenter. Diesem teile ich meine persönlichen Interessen mit – bspw. ich schaue gern die Tagesthemen 22.30 Uhr, bitte ausnehmen, ich hinterlege drei bis vier Keywords und sage, dass z.B. alles zum Thema Yahoo in den Medien aufgenommen werden soll. Dann komme ich abends nach Hause und habe sozusagen „my personalized tv-Programme" auf einer digitalen Platte und kann im Programm ganz leicht vor und zurück springen und vor allen Dingen die Werbung überspringen. Das würde für mich als Nutzer einen unheimlichen Mehrwert bedeuten. Wenn ich dann auch noch kurzfristig die Möglichkeit habe, dieses Gerät von jedem Ort der Welt über das Internet zu steuern und zu sagen: Ich habe gerade erfahren, dass heute Abend z.B. die Biographie über Murdoch im ZDF um 0 Uhr kommt, nimm mir die bitte auf. Das wäre ein idealer Mehrwert. In Ansätzen kann ich das heute schon zuhause machen mit meinem klassischen PC und einer entsprechenden Software. Snapstream-TV in den USA ist einer der Anbieter oder Tivo.com oder Sonic.Blue. Das sind drei Namen, die man einfach auf dem Gebiet gehört haben muss.

Herr Siegloch:
Herr Scheuer, Sie wollten etwas dazu sagen. Vielleicht füge ich nur kurz an, was mich erstaunt hat. Diese Rekorder bis zu einer Speichermöglichkeit von fast 20 Stunden für 339 Euro als Sonderangebot. Da muss es doch den werbefinanzierten Sendern langsam etwas unheimlich werden.

Herr Scheuer:
Ich wollte nur eine kurze Bemerkung machen. Solche Modelle diskutiere ich gelegentlich mit unseren Kunden. Unsere Kunden sind in der Regel vom Typ „Oma Kasulke". Wenn ich mir vorstelle, dass Oma Kasulke so etwas machen soll, erscheint mir das etwas schwieriger. Auch Dr. Lieschen Müller hätte damit noch Probleme. Es gibt sicher eine Gruppe von Freaks, die das kann. Es gab auch jemand, der ein sehr erfolgversprechendes Geschäftsmodell dieser Art hatte. Wir waren mit ihm in sehr guten Gesprächen, wollten das einführen. Letzte Woche bekamen wir die Nachricht, dass er Insolvenz angemeldet hat, noch bevor er richtig am Markt war. Ich

zweifle daran, ob wir heute in Deutschland so weit sind, dass Oma Kasulke so ein
Gerät auch ohne Hilfe ihres Enkels programmieren kann.

Herr Mayer:
Ich habe auch nicht gesagt: heute, sondern was ich mir als Nutzer wünschen würde.

Herr Siegloch:
Bitte schön, Herr Hörning!

Herr Hörning:
Brauche ich denn als Nutzer überhaupt noch so ein Gerät, wenn ich Peer-to-Peer
Tauschbörsen habe? Muss ich da nicht nur die Bedienung des Internet beherrschen?

Herr Mayer:
Das Problem der Peer-to-Peer Tauschbörsen. Egal wie sie heißen, E-Donkey,
KAAZA oder WinMX, ist das Qualitätssicherheit. Ein Download eines kompletten
Filmes dauert sehr lang, 1½ bis 2 Stunden, und man weiß nicht, wie die Qualität der
Aufnahme ist. Womöglich hat einer etwas angeboten und das ist ein Film und dann
kommt da Erotikwerbung mit einem Hinweis auf andere kostenpflichtige Angebote,
oder er hat den Film in einer derart schlechten Qualität aufgenommen, d.h. man hat
nicht das Qualitätssiegel, weil es von privaten Leuten kommt, die kein Business-
modell dahinter stehen haben. Deswegen denke ich, dass sich über kurz oder lang
das Problem der Peer-to-Peer Angebote ohnehin egalisieren wird, weil ich dann
doch sage: Bevor ich mir jetzt schon wieder mindere Qualität downloade, hole ich
mir von Movie Link oder von Cinema Now, also die Studios, die dahinter stehen, den
qualitativ guten Film und bezahle meine 4 Euro.

Herr Siegloch:
Ich glaube gern, dass das Ihre Hoffnung ist, denn auch Sie sind Teil des Geschäfts-
modells. Wenn das jeder machen würde und das Portal umgeht oder nichts bezahlt,
hätten Sie natürlich auch Schwierigkeiten. Herr Zeilhofer, ich nehme Sie jetzt
einmal als Vertreter von der großen RTL-Gruppe auf. Professor Hess hatte es auch
schon angedeutet. Wo ist denn eigentlich nachher das Businessmodell des normalen
werbefinanzierten Programms, wenn man die Werbung umgehen kann? Ist das die
Hoffnung auf die Cash Cow für die Zukunft? Das heißt, dass Sie das ausgleichen
können? Können Sie das?

Herr Zeilhofer:
Wir können es sicher kurzfristig nicht ausgleichen, aber es ist schon unsere Strategie,
diese Abhängigkeit von der reinen Werbefinanzierung zu mindern. Ob das New
Media oder unser RTL Shop sind; diese neuen Geschäftsbereiche tragen dazu bei,
das Wachstum bei RTL zu finanzieren. Ich sehe in der Diskussion, dass wir wieder
sehr schwarz und weiß sehen. Wir haben z.B. den Mobilfunk nicht erwähnt. Es wird
immer mehr Inhalte über mobile Dienste abgerufen. Das wird neben dem Internet

weiter wachsen. Ich glaube, dass es ein Nebeneinander geben wird, und dass es durchaus Entwicklungen geben wird, die man nicht vorhersehen kann. Das berühmte Beispiel mit der SMS war in keinem Businessplan enthalten. Das war ein ganz einfaches Tool. Auf einmal merkte man, dass das ein Riesengeschäftspotenzial ist. Darum muss man operativ viele kleine Themen ausprobieren und keine ideologischen Weichen stellen, die dann vielleicht in die falsche Richtung führen.

Herr Siegloch:
Herr Dr. Stein. Da passt es rein.

Dr. Stein:
Ich wollte einfach das Thema noch einmal zu dieser Interaktivität führen. Wir haben zwei Polarisierungen. Das Eine ist das, was man alles aus dem Internet mit Downloads usw. machen kann. Ich nehme das andere Extrem eines interaktiven Dienstes, an den sich alle gewöhnt haben und der eine große Verbreitung hat und genau die gleichen wesentlichen drei Merkmale von interaktiven Diensten aufweist, nämlich, man muss wissen, was man will, ein Suchziel haben. Man muss viele Knöpfe drücken, und man muss Geduld haben. Das nennt sich Teletext. Das ist interaktiv, und es hat alle diese drei Sachen. Dazwischen befindet sich der Konsument. Jeder ist so interaktiv wie es leicht ist, es zu benutzen und wie er die Sinnhaftigkeit erkennt, ein Ziel zu erreichen. Daran müssen wir uns orientieren. Viele möchten jemand wie einen Broadcaster oder einen Zeitungsverleger haben, der ihn an die Hand nimmt. Ich kann den Inhalt einer Tageszeitung auch im Internet finden, viel umfangreicher. Aber stellen Sie sich einmal vor, dass Sie alles, was in der Süddeutschen steht, aus dem Internet zusammen suchen. Dann sind Sie den ganzen Tag beschäftigt. Dann sind Sie froh, wenn das jemand redaktionell für Sie macht. Der schließt Sie gleichzeitig von Informationen aus. Aber er hat etwas für Sie aufbereitet. Das tut ein Broadcaster und das tun wir als Anbieter von Video on Demand, ohne diese Vielfalt abzudecken, die aber gar nicht erforderlich ist.

Herr Siegloch:
Wenn man nun Geld verdienen will, muss man an das Geld der Kunden kommen und das heißt auch ganz: Wie kann ich dann für eine Leistung, die ich anbiete, kassieren? Herr Graßmann, Sie arbeiten in einem großen T-Verbund und Ihnen fällt es vielleicht noch am leichtesten. Welche Hürden gibt es denn im Moment für Einzelleistungen, die sich im Cent-Bereich bewegen, Geld zu bewegen.

Herr Graßmann:
Es gibt eigentlich nur zwei Hemmnisse. Zum einen braucht man eine wirkliche Endkundenbeziehung, eine Billing Relationship, die auch tatsächlich funktioniert und die zudem valide sein muss. Viele Firmen oder Portalbetreiber, die noch nicht über diese Endkundenbeziehung verfügen, haben es sehr schwer, das Geschäftsmodell relativ rasch zu entwickeln. Das andere Hemmnis bezieht sich auf den Nutzwert des

Inhaltes, den man verkaufen will. Je höher der Nutzwert für den User ist, desto größer ist die Wahrscheinlichkeit, dass er es kauft.

Herr Siegloch:
Wie empfinden Sie das Herr Hörning? Ist auch die Vorsicht der Deutschen, ihre Kreditkartennummer bekannt zu geben, noch ein wesentliches Hindernis? In Amerika ist das überhaupt kein Problem. Da tippt man selbst für Ein-Dollar-Beträge seine Kreditkartenkartennummer ins Internet ein.

Herr Hörning:
Das ist in der Vergangenheit so gewesen. Es gibt sicherlich noch genügend Vorbehalte, aber das nimmt erheblich ab. Es gibt auch entsprechende Kombinationssysteme, die das bereits heute leicht, sicher und komfortabel machen.

Herr Siegloch:
Und die es sicher machen. Ja, wenn wir die digitale Zukunft anschauen. Wir haben vorhin über die Möglichkeiten geredet, wie viele Kanäle in Zukunft kommen werden und dass da das Problem ist, dass es immer weniger Zuschauer pro Kanal oder pro Angebot sind. Ist das Ganze am Ende noch ein lohnendes Modell, Herr Prof. Hess?

Prof. Hess:
Auf der einen Seite ist es sicherlich so, dass die Zielgruppen kleiner werden, also wird sich auf der Verwertungsseite einiges verändern. Auf der Produktionsseite hat man aber auch den Vorteil, dass man die Inhalte in kleineren Paketen nutzen kann. Man hat Module, so ähnlich wie in der Automobilindustrie, wo ja zum Beispiel VW auch nicht jedes Modell völlig neu konstruiert. Dieser Modulansatz setzt sich auch im Fernsehbereich langsam durch. Im Printbereich wird dies ebenfalls versucht. Man hat auch die Möglichkeit, billiger zu produzieren, indem man einzelne Module schneller zusammenbaut. Die Digitalisierung und der individuelle Zugriff der einzelnen Kunden kompensiert das Problem der Verwertungsseite etwas.

Herr Siegloch:
Aber es gibt natürlich gewisse Grenzkosten für die Herstellung von Programmen, von Inhalten, die dann wesentlich geringer sind.

Meine Damen und Herren, wir sind ungefähr in dem Bereich, wo wir mit Ihnen allen den Floor sozusagen eröffnen wollten. Ich denke, dass es vielleicht ganz sinnvoll ist, damit wir nicht nur hier oben diskutieren, sondern auch ihre Fragen behandeln. Sie sehen, wir haben überall die Mikrophone und ich würde vorschlagen, dass wir starten. Bitte schön.

Dr. Konietzka:
Ihre Diskussion hätte eine größere Resonanz gehabt, wenn Sie Zielgruppen gebildet hätten. Oma Kasulke wäre eine. Der Jugendliche, der nur bestimmte Sachen hört, ist ein anderer. Der Geschäftsmann, der überall rumjettet und ein bisschen Heimatverbindung haben will, ist wieder ein anderer. Oder der Angestellte oder Arbeiter, der acht Stunden arbeitet und dann fünf, sechs Stunden Freizeit hat. Das wären ganz präzise Grenzen zwischen diesen Zielgruppen. Die hätten bestimmte Medieninteressen, bestimmte Zeitbudget, die sie dafür einsetzen könnten. Wenn man solche Zielgruppen definieren würde, wenn Sie es jetzt gemacht hätten, dann hätten Sie auch für jede dieser Zielgruppen ein ganz klares Geschäftsmodell gehabt, dann hätten Sie für jede dieser Zielgruppen klare Medienausstattung und auch Zukunftsmodelle gehabt, d.h. so wie Sie hier über Zielgruppen geredet haben, entsteht kein Bild der Realität. Sie haben es nur andeutungsweise gemacht, aber mein Vorschlag wäre jetzt, ob man das in irgendeiner Weise nachholen könnte: Zielgruppe = Geschäftsmodell = Technikausstattung.

Herr Siegloch:
Das wollen wir gern nachholen. Wir haben das natürlich hier auch – wenn ich Herrn Struve richtig verstanden habe, gibt es den Otto Normalverbraucher und der ist die riesige Zielgruppe. Die Frage ist, inwieweit wir es so differenzieren können, dass wir tatsächlich Zielgruppen genau ausmachen können oder inwieweit wir da wieder auf eine neue Hoffnung hereinfallen. Dass wir so segmentierte Gruppen haben. Herr Hörning.

Herr Hörning:
Aber darin liegt genau die Schwierigkeit und das spiegelt sich auch in unserer Diskussion wieder. Wir kommen erst jetzt durch die Digitalisierung der hier relevanten und diskutierten Märkte zu dem Problem, dass wir die Zielgruppen noch viel stärker differenzieren müssen. Genau darin liegt eine der entscheidenden Schwierigkeiten. Wenn wir uns heute den Otto Normalverbraucher oder die Zielgruppe zwischen den 14- und 49jährigen anschauen, dann ist sie weitestgehend unscharf. Mir fällt kein passender Vergleich ein. Genau das wird eine der wesentlichen Aufgaben der heutigen Anbieter sein, nämlich diese Zielgruppen entsprechend fein zu definieren, möglicherweise modular, und dann dafür entsprechende Pakete zu schnüren und im Übrigen ein entsprechendes Angebot an die werbetreibende Industrie zu machen.

Herr Siegloch:
Herr Scheuer.

Herr Scheuer:
Für die Kabelnetzbetreiber schließt es sich aus, ein Fernsehen nur für einzelne Zielgruppen zu machen. Das sehen unsere Geschäftsmodelle auch nicht vor. Wir bieten ganz bewusst ein sehr breites Fernsehprogramm, ich sagte vorher, in der Regel über 45 Programme. In vielen Netzen sind es 55 analoge Programme und einige Hundert

digitale Programme – deutsche Programme, ausländische Programme –, weil wir in einem Verteilsystem den gesamten Markt erreichen müssen. Und die Landesmedienanstalten – hier sehe ich mindestens zwei Vertreter von Landesmedienanstalten – achten sehr streng darauf, dass wir keine Vorauswahl treffen und nur bestimmte Programme oder gezielt bestimmte Richtungen einspeisen, sondern das Angebot sehr breit gefächert anbieten. Daher kein Verteilangebot, das sich an spezielle Zielgruppen richtet, sondern Bedienen aller Zielgruppen.

Herr Siegloch:
Gut, wir haben das Thema Mobilfunk vorhin schon angesprochen. Da gäbe es das Problem nicht. Da kann sich jede Zielgruppe sozusagen ihre Angebote suchen. Wie realistisch ist denn diese Zielgruppenüberlegung, Herr Graßmann?

Herr Graßmann:
Natürlich richten sich im Zuge unserer Marketingstrategie unsere verschiedenen Content-, eCommerce- und weiteren Angebote an unterschiedliche Zielgruppen. Wir können gerne über diese einzelnen Themen diskutieren, aber wir kommen immer wieder auf den gleichen Punkt zurück. Als große General Interest Portale sind wir darauf angewiesen, den Massenmarkt mit sehr stark segmentierten Bereichen anzusprechen und parallel Angebote für die individuellen Nutzerinteressen anzubieten. Daher fällt eine konkrete Antwort, was wir welcher Zielgruppe anbieten, sehr schwer. Denn man braucht sich nur das General Interest Portal anzusehen und kann alle Zielgruppen heraussegmentieren. Dementsprechend finden Sie überall die entsprechenden Geschäftsmodelle.

Herr Siegloch:
Aber es ist nicht so, dass bei Ihnen die Zielgruppen mit 30, 35 enden, und dann gehen sie alle zu Herrn Struve, oder?

Herr Graßmann:
Ich glaube, das hat keine negativen Auswirkungen für das Internet und beispielsweise die ARD oder das ZDF. Im Gegenteil – das zeigt doch auch der Blick in Richtung Mediennutzung: Morgens hören die Konsumenten Radio, lesen parallel die Tageszeitung, informieren sich im Job und auch für private Belange über das Internet, verschicken SMS, erhalten die neuen Börseninfos als kurze Meldung auf ihr LapTop, sehen abends den Tatort im Ersten und laden sich später noch ihre Lieblingssoap aus dem Web herunter oder zwischendurch die Höhepunkte des UEFA-Cups. So kanalübergreifend wie die Konsumenten die Medien nutzen, so übergreifend müssen die Medien ihre Angebote bereitstellen.

Herr Siegloch:
Wir wollen auch an Sie denken. Wenn Fragen sind …

Dr. Junginger, Sony:
Ich habe noch eine Frage zu Video on Demand, was hier ja eine große Rolle spielt. Was Sie, Herr Siegloch, gesagt haben, ist ja Realität. Das Movie Link ist nicht ein Versuch. Es ist ein richtiger Dienst, der in den USA angefangen hat. Das heißt, dass die Filmleute versuchen, den Markt selbst in die Hand zu nehmen ohne die Portale. Wie sehen Sie das?

Herr Siegloch:
Herr Mayer, wollen Sie etwas dazu sagen? Ohne die Portale – ist das Stichwort.

Herr Mayer:
Ich habe auch gelesen, dass die Studios immer bemüht waren, Mittelsmänner auszuschalten in der Vergangenheit. Dennoch hat es immer die entsprechenden Firmen gegeben, die auf diesem Markt erfolgreich operiert haben. Ich glaube, dass es der Wunschgedanke von einem Studio wie Movie Link ist, dass sie sagen, sie sind der Direktvertrieb mit allen Möglichkeiten, die ich auch vorhin kurz angesprochen habe. Letzten Endes muss der Nutzer in der Vielzahl der heutigen Internetangebote immer wieder der Nutzer das Angebot auch finden. Da bieten sich einfach die Eingangstore ins Internet wie Yahoo oder andere an. Deswegen sehen wir da sehr wohl große Synergien, dass wir mit diesen Studios direkt zusammen arbeiten können, weil die Studios im Übrigen nicht über diese technische Kompetenz verfügen, diese Filme auch so im Internet zu verbreiten, dass es beim Nutzer in der Qualität ankommt, für die er auch bezahlt. Das ist der eine Punkt, der technische Ansatz. Der andere Punkt ist sicher auch: Es soll nicht nur damit getan sein, sich den Film anschauen zu können, sondern vielleicht auch entsprechende eCommerce-Aktivitäten darum herum zu schnüren, vielleicht Chats um einen Film zu gestalten, Foren abzubilden oder entsprechendes Merchandising zu verkaufen. Dann kommt einfach wieder das Internetprotokoll zum Einsatz; dieses Internetprotokoll und die Produkte, die eben schon von solchen Portalen erfolgreich etabliert sind. Insofern ist es für uns eher eine Chance als Bedrohung.

Herr Siegloch:
Ein wahres Wort.

Prof. Hess:
Ich halte es, wie in allen anderen Bereich auch, für eine Illusion, dass diese Zwischenhändler am Ende wirklich ganz wegfallen. Das mag am Anfang funktionieren, weil es bekannte Marken sind. Da wird dann direkt von der Website des Studio herunter geladen. In diesem Bereich gibt es auch wieder die Auswahlleistung, d.h. wenn Sie sich abends um 21 Uhr real einen Film aussuchen, dann wollen Sie nicht anfangen, zehn oder fünf Studios abzuklappern.

Herr Siegloch:
Das wäre ja nun ein Link. Alle großen Player sind bei Movie Link dabei. Das habe ich doch richtig verstanden.

Herr Mayer:
Ja, es sind auch die Blockbuster dabei.

Herr Siegloch:
Das ist eine Frage der Zeit.

Herr Mayer:
Ich glaube, dass die sich die Verwertungskette nicht kaputt machen wollen. Es geht ja auch die große Revolution, wenn es keine Filmkopien mehr gibt, digitalisierte Kinos. Dann wird das Thema Rechte noch brisanter. Ich denke, dass die auch auf Promotion Wert legen und deshalb natürlich auch Fernsehsendungen und große Portale weiterhin brauchen. Das glaube ich schon.

Herr Siegloch:
Weitere Fragen? Bitte schön.

Rudi Kulzer, Handelsblatt:
Ich möchte eigentlich Ihre erste Frage mit den Zielgruppen korrigieren. Sie sagten, da gehört noch der Otto Normalverbraucher dazu. Ich glaube, dass der Otto Normalverbraucher nicht in diese Einteilung gehört, die ich ganz gut fand, sondern er ist überlagernd. Wir haben doch eigentlich die Gruppe, wo die einen aktiv sein wollen und die anderen ihre Ruhe haben wollen. Die schalten abends den Fernseher ein, schlafen auch bei Alpha ein und wachen wieder auf. Das kennen wir alles. Ich glaube, es gibt als erstes diese überlagernde Gruppe, die aktiv oder nicht aktiv sein wollen. Der klassische Couch Potatoe ist nicht aktiv und will seine Ruhe haben. Das geht uns allen so. Wir sind mal aktiv oder nicht aktiv. Alle im Saal hier. Unter denen, die aktiv sein wollen oder die wegen ihrer potentiellen Aktivität Beachtung verbinden, gibt es aber diese Zielgruppen. Wenn wir jetzt eine Lanze für die Senioren brechen, ist das ein riesiges Potenzial, weil die anders als die Erwerbstätigen Zeit und häufig Geld haben. Der Jugendliche hat viel Zeit, aber meistens wenig Geld oder braucht es von den Eltern. Wir müssen in diesen Kategorien denken. Die, die aktiv sein wollen: Welches Zeitbudget haben sie, welchen Bildungs- und Interessenstand und welches Potenzial an Geld? Dann ist die Einteilung richtiger.

Herr Siegloch:
Ja, die Frage ist nur, wie groß dieser Anteil der Aktiven ist. Darüber geht hier auch ein bisschen der Streit. Ist das letzten Endes eine mehr marginale Gruppe, und ist es auch eine wachsende Tendenz? Das heißt, haben wir hier in vier, fünf Jahren einfach sehr viel mehr Menschen, die aktiv mit diesen Medien umgehen oder nicht oder ist

es eine Generationenfrage? Ich weiß es nicht. Ich suche hier bei Ihnen nach Antworten.

Andere Fragen oder Anmerkungen von Ihnen? Herr Stein, Sie wollten ohnehin etwas sagen.

Dr. Stein:
Ich würde dann gern noch einmal zu dieser Segmentierung zurückkommen. Wenn wir sagen, dass wir ein differenziertes Programm für verschiedene Zielgruppen haben müssen, könnte das die Einführungsrede zu der Einführung von Abonnementfernsehen sein. Wir haben mehr Kanäle als das gesamte Free TV in Deutschland zusammen und ich denke, die Spanne zwischen Heimatkanal und Fox Kids und SciFi0 und Kindern und was uns sonst noch alles einfällt, kann kaum größer sein. Das Spektrum ist da. Das Problem war möglicherweise in der Vergangenheit die Bedienung oder die Technik, die zu hohe Hürden aufbaut. Davon werden wir uns wegbewegen, weil es auch vermehrt integrierte Fernseher gibt, wo man mit diesem Interfacemodul schon Premiere hat und es einfach so bedient wie andere Kanäle auch. Und es kommt uns entgegen, dass man vielleicht langsam vermitteln kann, dass hinter diesem Wort Premiere eben nicht ein Kanal steht wie ARD, ZDF, Sat1, RTL, sondern, dass dahinter 35 Programme sind. Diese Erkenntnis ist schon einmal der erste Schritt zur Interaktivität, bevor die Leute kapieren, dass hinter dem Wort Internet die eine Million Filme stehen.

Herr Siegloch:
Die Mobilität sollten wir noch einmal ansprechen, wenn nicht bei Ihnen jetzt dringende Fragen sind. Herr Mayer, ist es denn tatsächlich ein realistisches Bild, dass wir in drei, vier Jahren alle mit unserem UMTS-Handy durch die Gegend laufen, darauf das Yahoo Portal haben, uns per GSM sozusagen den nächsten Italiener runterladen und außerdem auch noch einmal kurz in die Bundesliga reingucken? Oder ist das auch wieder so ein Hirngespinst, das wir alle erst einmal so bereitwillig aufgenommen haben, sich aber nie als Businessmodell realisieren wird?

Herr Mayer:
Ich war vor kurzem auf einer Veranstaltung, auf der einer gesagt hat, UMTS ist das Unwort des Jahres. Er hat das auch sehr ausführlich erläutert. So ganz überspitzt würde ich es nicht formulieren, aber unsere Erwartungen in diesem Bereich sind auch erst einmal kurzfristig sehr gering. Was im Moment im mobilen Markt, also auf dem Handy stattfindet, das heißt nach SMS kommt der Bereich MMS – d.h. ich kann Ihnen nicht nur SMS schicken, sondern mit dem Foto, das ich vielleicht mit dem Handy direkt aufgenommen habe. Da sehen wir in den nächsten 12 bis 24 Monaten den großen Wachstumsmarkt. Ob uns dann UMTS die Möglichkeit bietet, auch wirklich Ausschnitte aus Fernsehprogrammen anzuschauen, da bin ich sehr skeptisch. Ich kann es auch nicht beurteilen. Ich würde sagen, dass sich zu UMTS auch noch Alternativen öffnen, die man sehr wohl im Hinterkopf haben muss. Wenn wir

diese Veranstaltung heute nicht hier im Bayerischen Hof hätten sondern im Park Hilton, dann könnte man mit einem Laptop über wireless LAN jeder an seinem Tisch im Internet surfen. Das ist ein Thema. Hotspot W-LANs, die sich zunehmend in Deutschland in Cafés verbreiten, in Bahnhöfen, in Lounges etc., wo ich dann das Internet auch immer bei mir habe und solche Videoinhalte abrufen kann. Da brauche ich nicht unbedingt das Handy. Das ist eine Überlegung, die Entwicklung der wireless LAN-Geschichte, die heute schon aktuell ist und wo man nicht mehr technische Entwicklungen abwarten muss. Das wird in den nächsten zwei Jahren ein sehr bedeutendes Thema für Zielgruppen wie Businessreisende etc. werden. Mittel- bis langfristig muss man das Thema DVBT ebenso im Hinterkopf haben. Wieso soll ich mir über mein UMTS-Handy einen Videoclip downloaden, nur um zu wissen, wie jetzt die Nachrichten oder die Börsenkurse an der Nasdaq ausschauen, wo mich der Videoclip mindestens 3 bis 5 Euro kosten wird. Wenn wir heute das Preisgefüge für eine MMS sehen, sehr hoch, nicht mehr wie bei SMS, und das wird natürlich noch einmal weiter gehen. Bei Videos hätte ich auch die Möglichkeit, das über DVBT zu empfangen, nicht bundesweit, aber in gewissen Städten, in fünf Jahren wahrscheinlich in Berlin, München, Köln und größeren Städten mit meinem Laptop und einer kleinen DVBT-Karte, die wahrscheinlich auch wireless LAN-Zugang und vielleicht auch noch GSM oder UMTS-Zugang integriert hat. Wir beginnen dann über hybride Netze zu sprechen. Ich schaue mir vielleicht über DVBT den Nachrichtenclip an und höre im Lifeprogramm, dass die Börse fällt. Ich will dann genau wissen, wie meine Aktie steht und gehe dann über mein UMTS-Handy ins Internet und weiß genau: Yahoo ist wieder gestiegen, wie schön!

Herr Siegloch:
Oder anders herum. Herr Graßmann, Ihre Muttergesellschaft sieht das vielleicht mit wireless LAN und UMTS ein bisschen differenzierter oder anders oder würden Sie diese Analyse von Herrn Mayer so unterschreiben?

Herr Graßmann:
In einem Punkt mit Sicherheit nicht und ich beziehe mich auf Ihre Aussage, dass man das Yahoo Portal darauf sehen würde. Wir sehen dann natürlich T-Online oder T-Mobil-Online. Aber Scherz beiseite. Ich glaube, die Fußball-Weltmeisterschaft hat uns eines gezeigt: Mit gutem Content steigen auch die Nutzungsraten. Diese Entwicklung wird derzeit noch durch unkomfortable Endgeräten gehemmt. Ich glaube aber an einen Siegeszug der neuen und bedienerfreundlichen Endgeräte – wir kennen diese MDAs, XDAs, Palms etc. Diese Geräte werden ja fortlaufend weiterentwickelt und richten sich zunächst an die Zielgruppe der Geschäftskunden. Klar, denn die Arbeitgeber erkennen den Nutzen und sind auch bereit, anfangs höhere Preise zum Beispiel für die Dienste zu zahlen, die für mehr Effizient im Arbeitsalltag sorgen. Dieser Trend wird sich in den nächsten Jahren fortsetzen. Aufgrund der enttäuschten Hoffnungen durch den Niedergang der New Economy trauten wir uns doch in letzter Zeit gar nicht mehr daran zu glauben. Aber diese positive Entwicklung kommt auf uns zu.

Sehr schön illustrieren lässt sich das übrigens an der Entwicklung im mobilen Bereich, der gerade angesprochen wurde. In der Diskussion gefällt mir oft nicht, dass wir zwischen Couch Potatoes oder aktiven Nutzern unterscheiden. Eigentlich sind es drei unterschiedliche Nutzungs-Situationen, wenn wir von Content-Nutzung sprechen. Da ist zum einen die „lean backward-Welt", sprich die Couch Potatoe Haltung. Die kann aber auch ein Aktiver einnehmen, der sonst am PC aktiv die „lean forward Welt" nutzt. Mit mobile erschließen wir auch die „be mobile Welt". Bei allen drei Nutzungssituationen kann man die unterschiedlichen Endgeräte und Content-Angebote einsetzen, wie über das Handy oder das mobile Device, den Fernseher oder den PC – sei es über wireless LAN oder wirklich vernetzt. Diese Konvergenz der Medien vor allem zwischen Internet und TV bedeutet nicht ein „entweder-oder" für den Nutzer. Tatsächlich wird sich das Internet in Richtung TV entwickeln wie z.B. über Video on-Demand. Dann muss der Konsument quasi nur einmal bei Premiere anrufen, sich einmal im Internet das Programm über Premiere direkt herunterladen und ist dann in der Nutzungs-Situation TV, der lean backward Welt. Bei TV ist es umgekehrt genauso. Hier wird das TV-Gerät über Settop Boxen oder andere Geräte internetfähig. Damit kann der User dann in einer Spielübertragung Holland gegen Deutschland seinen Kollegen oder Nachbarn ansprechen, denn er sieht durch die Messenger-Technologie des Internets, dass der auch das Spiel verfolgt. Um diese Debatte geht es meiner Ansicht nach – alle drei Mediengattungen und Nutzungs-situationen wachsen immer mehr zusammen. Ich bin eine Couch Potatoe in einer Fußballübertragung. Sie langweilt mich und ich bestelle mir per PDA ohne zum Telefon greifen zu müssen, den Film, den ich anschließend sehen will. Aber ich bleibe in der gleichen Nutzungssituation und bin nur einmal kurz aktiv.

Herr Siegloch:
Bitte schön.

Prof. Picot:
Herr Hess hat vorhin einmal gesagt, dass die Film- und Bewegtbildindustrie und Fernsehindustrie doch nicht den Fehler der Musikindustrie machen sollte, dass sie die Tauschbörsen, diese Peer-to-Peer Ansätze, sich selbst überlässt, sondern sie soll lieber proaktiv Modelle entwickeln. Dazu habe ich eine Frage an die Vertreter der entsprechenden Branche: Gibt es dazu Überlegungen und Ansätze? Wie könnte so etwas aussehen? Und auch an Herrn Hess die Frage: Sind solche Peer-to-Peer Modelle überhaupt einer kommerziellen Instrumentalisierung zugänglich oder entziehen sie sich ihr gerade, weil sie sozusagen selbstorganisatorisch aufgebaut sind und insofern einer solchen geschäftspolitischen Strategieintegration kaum zugänglich sind?

Herr Siegloch:
Wer möchte?

Prof. Hess:
Vielleicht zur grundsätzlichen Frage. Es gibt ja zwei Varianten von Peer-to-Peer, einen zentralen und einen dezentralen Ansatz. Napster ist eher ein zentraler Ansatz, bei dem man zentral versucht, Dienste zu „steuern". Das wäre eher eine Variante zur Kommerzionalisierung. Der dezentrale Ansatz, bei dem sich eine Software im Netz praktisch unkontrolliert weiter entwickelt, fällt in diesem Kontext weg. Das ist der eine Punkt. Der Konsument ist in einer Nutzungssituation. Er sucht ein spezielles Musikstück. Dabei möchte er nicht lange kryptische Beschreibungen erhalten, er möchte klare Namensregelungen haben usw., und er möchte vor allen Dingen auch nicht so ein großes Unrechtsbewusstsein haben. Es gibt empirische Studien dazu, dass dies dem Nutzer im Durchschnitt schon ein paar Dollar im Monat wert ist. Dass er letztlich immer das Gefühl hat, dass es nicht so halb legal ist. Das sind die beiden Ansatzpunkte. Ich glaube aber, dass es insbesondere im ersten Bereich schon viele Möglichkeiten gibt, das zu kombinieren. Die Hauptvariante sehe ich aber eher in der Kombination mit der Telekommunikationsbranche, da dadurch der Nutzen sehr groß ist, weil dort Traffic generiert wird und das letztlich das ist, was das Hauptstreben der Branche ist.

Herr Siegloch:
Möchte das jemand von Ihnen noch ergänzen?

Herr Zeilhofer:
Ich würde es gern noch ergänzen. Ich schließe mich der Einschätzung auch an. Herr Picot, wir haben ja eine Studie über die Entwicklung von Peer-to-Peer gemacht, wie man dieses Phänomen unter kommerziellen Gesichtspunkten nutzen kann. Momentan sehen wir, dass es kommerziell noch nicht funktioniert, weil genau das Grundprinzip des freien Tausches, wie es Prof. Hess eben auch sagte, konterkariert würde. Mittelfristig sehen wir sehr wohl einen Marketingansatzpunkt für Inhalteanbieter, nämlich dass ausgewählte Inhalte (wir haben das Peer-to-Peer Inhaltsformate genannt, das können aus dem Filmumfeld besondere Trailer sein, das können Vorabschaltungen der ersten wichtigsten Filmsequenzen oder Actionszenen sein) gezielt in diese Netzwerke eingespeist werden. Die Inhalteanbieter können insofern gegenüber den Nutzern ganz erhebliche Vorteile realisieren, weil sie eine größere Bandbreite haben, sprich: die Inhalte schneller runterzuladen sind und über das Kürzel, das in der Regel der Fälle über email-Adressen läuft, eine Qualitätsgarantie geben können. Somit kann der Kunde, der beispielsweise einen Filminhalt sucht, gezielt angesprochen werden. Das ist eine one-way Situation. Sie stellen passiv den Inhalt auf der Tauschbörse zur Verfügung, aber der Nutzer zieht sich den gezielt runter, weil er eben weiß, dass es movie@rtl.de ist. Da weiß er, dass das von RTL kommt und ein akzeptabler Inhalt ist.

Herr Siegloch:
Bitte schön. Sie sind als nächster dran.

Dr. Junginger, Sony:
Noch zu Ihrer Frage. Ich denke, ohne aus dem Nähkästchen zu plaudern, natürlich denken alle in der Musikindustrie, in der Filmindustrie über Peer-to-Peer unmögliche Geschäftsmodelle nach. Bertelsmann hat es probiert und auch Sony. Da gibt es auch gemeinsame Projekte. Die einzige Möglichkeit, die man im Moment sieht, ist den Community-Gedanke, der in den Peer-to-Peer Modellen steckt, irgendwie versucht kommerziell nutzbar zu machen. Das andere ist, was wir gestern diskutiert haben: Wir brauchen dann richtige DRM-Lösungen, um eine Basis zu haben in einer sicheren Umgebung, an wirkliche Geschäftsmodelle zu denken. Das ist ein großes Thema in den Firmen.

Herr Siegloch:
Wollen wir erst einmal Herrn Schwarz-Schilling hören.

Dr. Schwarz-Schilling:
Wir hatten bei der Digitalisierung des normalen Telefonnetzes die einzigartige Möglichkeit, die ganze Infrastruktur weiter zu benutzen und nur durch die Aufrüstung der Vermittlungsstellen die Digitalisierung des ganzen Netzes herbeiführen konnten; damit erreichten wir eine Verzehnfachung der Kapazität oder durch die höhere Geschwindigkeit eine beachtliche Steigerung der Qualität, ohne dass wir das Leitungsnetz erneuern mussten. Das ist in der Mobilfunktechnik nicht der Fall. Hier brauchen wir andere Frequenzbereiche und müssen eine vollkommen neue Infrastruktur aufbauen, wenn wir von GSM auf UMTS übergehen wollen.

Was ich hier bei der ganzen Diskussion nicht verstanden habe: Diese zusätzlichen Features der neuen Generation, die alle genannt wurden und die vielleicht für einen professionellen Kreis von Anwendern eine „elegante Technik" sein mag, wird in den nächsten Jahren meines Erachtens vielleicht einmal 30 % der Bevölkerung ausmachen. Dabei besteht noch die Schwierigkeit, dass man das gesamte Netz braucht und es praktisch zu 100 % ausbauen müsste, um diese 30 % zu bedienen. Bei ISDN konnten Sie differenzieren: Wer wollte, der konnte sich frühzeitig anschließen. Wer nicht, der lässt es bleiben bis der Übergang zur Digitalisierung die gleichen oder gar bessere Preise als die analoge Technik erreicht. Bei der neuen Generation des Mobilfunks muss aber eine ganze Infrastruktur von Anfang an neu aufgebaut werden, die in meinen Augen allenfalls von höchstens 30 % in den nächsten 10 Jahren angewendet wird. Den Ausbau dieser Infrastruktur kann man jedoch nur übernehmen, wenn der Massenmarkt des Telefonierens, also des Mobilfunks, als Grundfaktor bei der Kostendeckung mit dabei ist. Aber wie soll das bewerkstelligt werden, wenn auf der UMTS-Seite, wobei doch voraussehbar die Kosten viel, viel teurer sind, eine völlig neue Infrastruktur aufgebaut werden muss, mit hohen Abschreibungen, um von den Lizenzgebühren erst gar nicht zu reden.

Ich habe damals 10 Millionen Mark Lizenzgebühren eingenommen, als ich als Postminister die Lizenz für D2 vergeben habe. Zu dieser Zeit hatten wir doch ganz andere Überlegungen: Wir wollten damals, dass das Geld bei den Unternehmen bleibt und nicht gleich beim Staat abgeliefert wird. Das ist vielleicht der Hauptunterschied der beiden Philosophien. Aber das nur nebenbei.

Es ist mir völlig unklar, wie das funktionieren soll, dass Sie eine neue Infrastruktur für 100 % Teilnehmer mit wahnsinnig viel Vorlaufkosten aufbauen müssen, aber nachher nur etwa 30 % Teilnehmer für die nächsten Jahre bekommen werden, die anderen 70 % gar nicht überwechseln werden, weil das Telefongespräch viel zu teuer wird. Da bleibe ich doch bei GSM, da bin ich sehr viel besser bedient. Das ist meine Frage. Insofern bin ich sehr skeptisch gegenüber dieser Sache.

Die zweite Frage bezieht sich auf das Kabel. Herr Scheuer, Sie sprachen immer vom „Verteilnetz". Wir haben bei der Digitalisierung des Telefonnetzes die Möglichkeit gehabt, weil es kein Verteilnetz, sondern ein interaktives Netz war, jeden Kunden extra zu bedienen. Das machte auch eine Differenzierung in der Preisstellung möglich. Die Frage ist auch hier: Wie soll das jetzt beim Kabel funktionieren? Müssen Sie jetzt auch die 100 % Leistung bei Jedem anliefern und er kann dann aussuchen, ob er nur die 30 % oder 40 % Leistung, also mit einer bestimmten Anzahl von Kanälen und digitale Kanäle dazu, oder das Gesamtpaket übernehmen muss, wenn er sich nicht anschließt oder können Sie auch bei der neuen Technik differenzieren, dass der eine eben das Paket bezieht, wozu er Lust hat, um dann diese Segmente von den Zielgruppen überhaupt differenzieren zu können? Wir reden hier immer von der Differenzierung dieser Zielgruppen. Wenn Sie das nachher nicht in Mark und Pfennig differenzieren können, sind das alles nur theoretische Überlegungen. Das verstehe ich hierbei nicht. Dann müsste man, wenn man die Differenzierung vornimmt, doch auf 862 Megahertz raufgehen und damit eine 100 % Leistung bieten. Das schaffen die Kabelunternehmen heute alle nicht und sie bauen auch nicht entsprechend aus, weil sie die Vorlaufkosten nicht wieder herein bekommen. Das ist genau der selbe Punkt und daran, so glaube ich, leiden beide Bereiche. In den nächsten fünf Jahren wird der Durchbruch kaum erreicht werden können, weil er technisch so nicht möglich ist, wie es damals bei der Digitalisierung der Telefonleitung möglich war; d.h. aus technischen Gründen und aus nichts anderem.

Herr Siegloch:
Vielen Dank. Wir haben Herrn Mayer und Herrn Scheuer, die etwas dazu sagen können. Herr Mayer, vielleicht fangen Sie beim Thema UMTS an. Da sind Sie ein möglicher Nutzer mit Ihrem Portal.

Herr Mayer:
Ich habe das, was UMTS anbelangt, auch keineswegs euphorisch dargestellt, bewusst auch aus folgender Erfahrung: Es ist noch gar nicht so lange her, drei, vier Jahre, da waren wir im Olympiastadion hier in München. Man hat versucht zu telefonieren und kein Netz bekommen. Das war vor drei, vier Jahren noch durchaus Realität, wenn 60.000 oder 70.000 Leute auf einem Haufen waren und die gleiche

Basisstation nutzen wollten, um zu telefonieren. Das war natürlich letzten Endes kein Qualitätsmerkmal des Operators. Der Operator musste hingehen und Geld in die Hand nehmen und im Olympiastadium entsprechende Sendestadion einbauen, damit auch alle 70.000 Leute auf einmal telefonieren können. Das wird sich dann bei den Operatoren irgendwie gerechnet haben. Ähnlich sehe ich das auch mit UMTS. Ich bin nicht euphorisch für dieses Thema, dass mit UMTS eine Vielzahl von Menschen sich Videoclips downloaden werden. Wir wissen, welche Bandbreite UMTS zur Verfügung stellt – das sind etwa 12 Megabit, die uns eine Frequenz bietet. Man muss dann im Umkreis des Nutzers entsprechende Sendestationen aufbauen, und wenn diese Sendestationen nicht ausreichen für die Anzahl der Nutzer, muss ich das entweder über den Preis reglementieren, d.h. der Videostream auf meinem Handy kostet jetzt entsprechend mehr, dass die Nachfrage geringer wird, oder ich baue das entsprechend aus. Das muss sich aber auch wieder refinanzieren, und da glaube ich, dass nach der ganzen Kostensituation bei den Networkoperatoren und deren Kostendruck, dass die wirklich nur verhalten diesen Ausbau realisieren werden, so dass primär auch nur eine Businessgruppe, die die Handykosten nicht selbst zu tragen hat und wo das primär über Unternehmensrechnungen läuft, diesen Service anfangs nutzen wird.

Herr Siegloch:
Sind die 30 %, die Herr Schwarz-Schilling genannt hat, realistisch, d.h. dass nur ein geringerer Teil der Bevölkerung letzten Endes so etwas nutzt? Oder noch ein geringerer Teil?

Herr Mayer:
Da müsste man schon bullisch sein. Wann wird UMTS kommen? Ich glaube, es wird kommen. Ich glaube, es wird im Weihnachtsgeschäft 2004 kommen. Wenn dann eine Veranstaltung wie diese hier stattfindet, werden die ersten von Ihnen hier mit dem entsprechenden UMTS-Handy und dem entsprechenden Vertrag erscheinen. Das werden ganz wenige sein. Erst 2005 spricht man da wahrscheinlich den Massenmarkt in Ansätzen an.

Herr Siegloch:
Herr Scheuer. Sie sollten zum Thema Kabel etwas sagen.

Herr Scheuer:
Die Einschätzung von Herrn Dr. Schwarz-Schilling ist richtig. Man muss zu 100 % ausbauen, wenn man ein Netz hochrüstet. Es geht nicht, dass wir im Wohnblock A ausbauen, im Block B nicht und in Block C und D dann wieder. Man muss sich für eine Stadt, die man ausbauen will, entscheiden, und diese dann komplett ausbauen. Wir haben dies in einigen deutschen Städten gemacht, dies ist in der Öffentlichkeit nicht so sehr bekannt. Das sind Städte wie Zwickau oder Hagen, die die modernste Kommunikationsstruktur Europas haben. In Zwickau wurde ein Musternetz erstellt, das wir auch den Contentanbietern zur Verfügung stellen, um unterschiedliche

Dinge testen zu können. Wir haben einen großen Raum, in dem ein Rechenzentrum steht – heute leider leer – das Contentanbietern zum Testen ihrer Produkte dienen soll. Jeder Haushalt in Zwickau ist an unser Kommunikationsnetz angeschlossen, selbstverständlich auf 862 Megahertz mit Rückkanal, d.h. breitbandig ausgebaut. Gleiches haben wir in Hagen gemacht, und wir machen es in Wismar und in Wolfsburg. Jeder Haushalt bekommt zunächst im Grundversorgungsbereich das gleiche Angebot, nämlich 50 Programme, und jeder bekommt das Digitalpaket. Jeder Haushalt hat also Internet in der Wohnung als Teil des Grundpaketes. Höherwertige Internetdienste mit breitbandigem Zugang werden aus dem vorher genannten Grund individuell bezahlt. Mit Peer-to-Peer-Übertragungen Filme herunterladen etc. erreichen z.B. 6% der Nutzer etwa 95 % des Trafficaufkommens. Wir rechnen deshalb Internet grundsätzlich nach Verbrauch ab und nicht nach Zeit. Auch Wasser wird zuhause nach Verbrauch abgerechnet und nicht danach, wie lang der Wasserhahn offen ist.

Herr Siegloch:
Herr Scheuer, eine kurze Zwischenfrage: Und das rechnet sich? Zwickau und Hagen? Oder ist das für Sie auch so eine Art Vorzeige- und Modellprojekt?

Herr Scheuer:
Wenn wir die gesamten Werbekosten unseres Bereiches dazu benutzen, dann rechnet es sich vielleicht. Wenn wir solche Projekte betriebswirtschaftlich für unseren Geschäftsbereich betrachten, rechnen sich diese selbstverständlich heute nicht – auch in ein paar Jahren noch nicht. Daher war vorher meine Bitte, auch an die im Saal versammelten Contentanbieter: Bringt Content, dann bauen wir Netze, dann bringen wir Vertriebswege. In dem Zusammenhang auch ein Hinweis zum Verkauf der DTAG-Netze und zu deren Ausbau. Ich konnte das vorher aus Zeitgründen nicht sagen. Die privaten Netzbetreiber, mindestens große Teile davon, machen sich weitgehend vom Netz der Deutschen Telekom unabhängig, bauen eigene Strukturen, auch im Verbund von Netzbetreibern. Ich gehe davon aus, dass die Netzebene 3, so wie wir es heute von der Deutschen Telekom kennen, in etwa 5 bis 10 Jahren nur noch eine sehr untergeordnete Rolle in Deutschland spielen wird. Es werden andere sein, die private Netze als breitbandige Kommunikationsnetze und nicht Verteilnetze betreiben. Das Verteilnetz, das damals gebaut worden ist, war eine sehr gute Sache. Heute brauchen wir davon noch die Kopfstelle und die letzten 300 m Kabel – d.h. die Netzebene 4. Alles dazwischen muss neu gebaut werden.

Herr Siegloch:
Vielen Dank Und noch eine letzte Frage. Bitte schön.

Bernd Schöne, Freier Journalist:
Eine ganz kurze Frage: Es kam so rüber, als wenn das alles so Friede, Freude, Eierkuchen sei zwischen den privaten Anbietern, die ihr Programm nicht kommerziell über Peer-to-Peer Netze abwickeln und den kommerziellen Anbietern, die Ähnliches versuchen. Nach einigen Jahren Bedenkzeit – es hat so 5, 6 Jahre gedauert bis

jetzt die ersten das Internet als Vertriebskanal entdeckt haben und auf die zahlreichen Piratenangebote reagieren. Ich sehe da eher einen Krieg zwischen diesen Angeboten und kein friedliches Miteinander. Man geht in den USA dazu über, verseuchte Codes über diese Peer-to-Peer Netzwerke anzubieten, d.h. Dinge, die auf dem Rechner des Nutzers Schaden anrichten, in der Hoffnung, dass so viele Leute so geschädigt werden, dass sie endlich von diesen bösen Dingen die Finger lassen. Sind ähnliche Schutzmechanismen von den deutschen Anbietern geplant und wie sieht das Panel diesen Krieg, der kommerziellen oder nicht-kommerziellen Angebote?

Herr Siegloch:
Herr Graßmann und Herr Mayer, ist da vielleicht von Ihnen etwas geplant?

Herr Graßmann:
Als T-Online Vertreter freuen wir uns auch über Peer-to-Peer Nutzung, weil der Kunde damit auch Traffic produziert und wir damit über Access mit verdienen. Insofern haben wir gar nichts dagegen. Aber da auch T-Online zunehmend in das Content Produktionsgeschäft einsteigt, kann ich es schon verstehen, dass der eine oder andere Anbieter von aufwendigen oder sehr teuren kostenintensiven Filmproduktionen sagt, dass er aktiv in die Peer-to-Peer Börsen z.B. Harry Potter mit japanischen Untertiteln einstellt. Er kennzeichnet das dann natürlich nicht, dass jemand für teures Geld heruntergeladen hat und sich plötzlich einen Film mit japanischen Untertiteln oder mit einer japanischen Synchronisation ansehen kann. Die Wahrscheinlichkeit ist nicht groß. Ich würde das nicht als Krieg bezeichnen, sondern als Schützen von Geschäftsmodellen. So gelassen wir hier sitzen, die wir sonst auch beim Kunden mit relativ ambitionierten Aktivitäten kämpfen, und das anhören, was die Kollegen glauben, von der Zukunft halten zu können. Mit der notwendigen Gelassenheit werden wir in den nächsten Jahren, wenn sich alle um den Kunden und neue Geschäftsmodell bemüht haben, feststellen, dass wir trotzdem noch alle existieren und alle einen unterschiedlich hohen Share of File und Share of Voice bei unseren Kunden bekommen haben. Der eine führt den Kampf etwas aggressiver als der andere.

Herr Siegloch:
Würden Sie von Krieg reden Herr Zeilhofer?

Herr Zeilhofer:
Nein, auf keinen Fall. Wir beobachten das natürlich auch, aber würden es dann eher positiv umdrehen ähnlich wie beim Marketing, wo wir ein Permission Marketing machen, dass man eben keine unerwünschten Newsletter bekommt, sondern aktiv sagt: Ich will jetzt z.B. zum Thema Quiz etwas haben. Da kann man über Peer-to-Peer natürlich überlegen, ob man Mehrwert anbietet, z.B. einfach File-Sharing Speichermengen für das private Fotoarchiv, Musikarchiv, Videoarchiv. Da spielen schon ganz spannende Themen rein, es hat nur im Moment noch nicht die Relevanz.

Herr Siegloch:
Ich bedanke mich bei den Herren hier auf dem Podium, sehr moderate Töne. Ob Sie jetzt genau wissen, wann sich manche Businessmodelle rechnen oder nicht, überlasse ich Ihrer Phantasie. Ich bedanke mich noch einmal für Ihre Aufmerksamkeit und wünsche Ihnen weiterhin einen guten Verlauf der Tagung.

5 Der Blick nach draußen: Situation und Tendenzen in der Triade

Prof. Dr. Jo Groebel
Europäisches Medieninstitut, Düsseldorf

Es geht um die Triade Deutschland, Europa und die Welt. Ich verstehe meinen Vortrag auch ein bisschen als eine Brücke zwischen der Session heute morgen, einigen internationalen Daten und dem, was dann durch Herrn Zerdick in der weiteren Diskussion als gesellschaftspolitische Implikationen der jetzigen Diskussion angesehen wird.

Zunächst greife ich wegen der Triade noch einmal ein Zitat aus China, immerhin aus dem Jahre 2000 v.Chr., auf: Du siehst und du bemerkst. Damals gab es kein TV, aber das kann man durchaus nachvollziehen: Du hörst und du nimmst auf. Radio. Und du machst mit und du verstehst. Das ist natürlich das, was viele, gerade wenn es um Geschäftsmodelle geht, sich vom digitalen Fernsehen, vom interaktiven Fernsehen erhoffen. Was alle, die das Internet didaktisch oder wissenschaftlich oder wie auch immer nutzen, völlig nachvollziehen können. Es ist erst einmal ein interaktives Medium, bei dem sofort die Motivation für Größeres ist, bei dem man sehr viel schneller Dinge aufgreift. Das ist fast trivial. Didaktische Experimente zeigen das. Das ist natürlich auch die Hoffnung, die man mit Geschäftsmodellen verbindet. Sobald wir in die Interaktion einsteigen verstehen wir erst und werden dann vielleicht erst motiviert.

Vielleicht noch etwas zu Herrn Struve. Die Welt 2002, zunächst einmal unsere Krise, und es gab heute morgen schon diese defätistische Tendenz zu sagen: Es bleibt alles beim Alten, so als würde die Zeit jetzt entgültig fest stehen bleiben, und es würde sich nie mehr etwas verändern. Ich denke, dass das von der Logik her relativ unwahrscheinlich ist. Wer von Wissenschaftlern ernsthafte, auch nur mittelfristige, geschweige denn langfristige Prognosen erwartet, macht das sicherlich in der Überzeugung, damit er nachher einen guten Sündenbock hat und sich selber freisprechen kann. Ich kann Sie aber nicht entlasten, weil nur wenige Wissenschaftler wirklich von sich behaupten können, einigermaßen zuverlässige langfristige Aussagen zu treffen. Sie sind auf sich selber zurück geworfen. Wissenschaftler können Ihnen einige wenige Handreichungen bieten. Sie spielen auch gern die Sündenböcke, zumal, wenn sie beamtet sind, kann ihnen sowieso nichts passieren. Ansonsten warne ich Sie davor, uns Wissenschaftlern zu sehr zu glauben, wenn es um mittel- oder gar langfristige Prognosen geht. Aber ein paar Prinzipien gibt es doch, wenn man in die Technologiegeschichte einsteigt, und die würde ich gern noch einmal wiederholen. Die meisten von Ihnen werden das kennen.

Kurzzeitentwicklungen werden in der Technologiegeschichte in der Regel überschätzt, Langzeitentwicklungen aber unterschätzt. Wenn wir also die jetzige Krise als Indikator dafür nehmen, dass ab jetzt nichts mehr passiert, dass es keinen weiteren Internetboom geben wird oder dass auch interaktives Fernsehen nicht mehr weiter gehen wird, dann sollten wir das mit einer gewissen Zurückhaltung betrachten, zumal im B2B Bereich das Internet schon längst so tragend geworden ist, dass, wenn Sie dem Internet den Stecker heraus ziehen würde, die Weltwirtschaft augenblicklich zusammenbrechen würde. Es ist naiv zu glauben, dass wir nicht schon längst eine Internetgesellschaft haben. Das vielleicht noch einmal als kleine Andeutung in Richtung derer, die glauben, analog sei doch irgendwie das, was letztlich dann digital übertragen ist.

Da es auch einen englischsprachigen Teil im Programm gibt, sollte ich Sie auch deshalb warnen, weil ich heute wieder als Deutscher und nicht als Niederländer hier stehe. Und über die Deutschen wurde einmal gesagt: „They don't know everything." Die Warnung wegen der Prognose „they know everything better". Da könnte auch „professors" stehen usw. Also, ein paar Aussagen auf die Zukunft. Nachdem ich mich jetzt abgesichert habe, dass Sie mir nicht trauen sollen, kann ich es ohne weiteres tun.

Ich werde ein bisschen eingehen auf den Fernsehnutzer, die Mikroebene, der Ländervergleich; das ist der Schwerpunkt. Was wissen wir heute über einige ausgewählte Länder, wenn es uns um Massennutzung über das Internet geht oder auch die Parallelnutzung zwischen Internet und Fernsehen. Schließlich die Fernsehgesellschaft – das wäre dann fast schon eine Vorlage für die weitere Diskussion, denn so oder so werden sich sicherlich einige, wenn auch vielleicht nicht die traditionellen Konsequenzen für Medienpolitik, Gesellschaftspolitik ergeben.

Fangen wir mit dem Fernsehnutzer an. Wo man doch als Medienpsychologe eine gewisse Sicherheit haben kann, ist, dass in manchen Verhaltensbereichen Menschen eine relativ hohe Stabilität aufweisen. Vielleicht noch zu dem Begriff „Medienpsychologe": Manche bezeichnen mich so und ich bin auch tatsächlich einer, stehe aber nicht für die Medienpsychologen, die seinerzeit ein Vertreter des ZDF – das waren nicht Sie, Herr Eberle, das wüsste ich, das war Ihr Pressesprecher, Herr Hufen, vor 20 Jahren. Als ich den das erste Mal traf, sagte er: Medienpsychologe stimmt eigentlich, unsere Journalisten bräuchten alle dringend einen Psychiater. Das ist nicht mein Hauptmotiv, um heute hier zu sein, sondern ich versuche mich mit den sich halbwegs im Normalbereich bewegenden Fernsehzuschauern zu befassen, ohne dass es jetzt gerade um die Abweichungen geht.

Wieder zu den ernsthaften Aspekten. Was Fernsehen als Nutzungsform und nicht als technologische Form attraktiv macht, sind eine Reihe von Motiven, die stabil sind. Das finden wir im Fernsehen. Das finden Sie bei anderen Medien. Es ist selbstverständlich, dass alles, was mit Anregung und Entspannung zu tun hat – ich komme noch einmal kurz darauf zurück – ankommt. Das heißt zugleich, dass Fernsehen als Nutzungsform in irgendeiner Weise schon deshalb relativ wahrscheinlich bestehen bleibt. In der Hochzeit der Interaktivitätsdebatte wurde immer wieder unterstellt, dass Leute ständig gern eine Entscheidung treffen wollen. Wenn ich meinen Fernsehkonsum ansehe, und ich vermute, dass es vielen von Ihnen genauso geht, dann will ich nicht ständig durch Menüs geführt werden und will dauernd eine Entscheidung treffen. Dann bin ich auf so einem mittleren Anspannungsniveau ganz froh, wenn mir etwas halbwegs Passables angeboten wird. Das ist eine Basisvoraussetzung. Dieses Geschäftsmodell wird auch schon mindestens seit 5 Jahren diskutiert. Ich klicke den Anzug an und schon kommt er auch noch maßgeschneidert. Ich glaube, wenn das mit dem entsprechenden Moschusduft verbunden wäre, der Erfolg beim anderen Geschlecht wäre ähnlich groß, wie er bei Pierce Brosnan oder James Bond ist.

Kognition: also auch hier kein Missverständnis. Die Vorstellung, der aufgeklärte Zuschauer ist ständig auf der Suche nach Information, will ständig Hintergrundinformationen haben, ist nicht zutreffend. Nein, Fernsehen ist in großen Teilen das Gucken, ob die Welt einigermaßen in Ordnung ist. Wir nehmen Nachrichten auf und sind froh, wenn sie einen gewissen Rhythmus haben. Wenn einmal etwas Aufregendes passiert kleben wir natürlich am Bildschirm, aber wir sind nicht ständig süchtig danach. Ein paar von uns natürlich auch und Sie sowieso alle, weil Sie ein hochausgebildet, aufgeklärtes, elitäres, meinungsführendes Publikum sind. Aber die „breite Masse" sozusagen, die Menschen auf der Straße sind froh, wenn sie ab und zu etwas angeboten bekommen und wollen nicht ständig Entscheidungen treffen.

Das Gleiche gilt für die Unterhaltung, für die Emotion. Auch hier ist ein Großteil des Fernsehens eben nicht die ständige aufmerksame Zuwendung zu allen möglichen Kicks, sondern „Wetten dass?", passive Unterhaltung, vieles andere mit einem hohen Aufmerksamkeitswert, weil für viele Produkte geworben wird. Am Montag war ich bei einer Debatte des Marketingclub in Hamburg. Da sagte einer: bei „Wetten das?" müsste schon längst Dauerwerbesendung darunter stehen usw.

Interaktion: natürlich sehr wohl, weil Mitmachen in Grenzen, aber nur an manchen Tageszeiten – das wird auch häufig vergessen – natürlich schon Spaß macht. Insofern fand ich bei den Vorbereitungen des heutigen Vortrages das Stichwort zwischen Massenkommunikation und Maßkommunikation eigentlich ganz zutreffend. Das gilt natürlich auch für neue digitale Formen. Schließlich hat Fernsehen durchaus auch etwas mit Gehören zu tun. Man schaut bestimmte Sendungen an, um einer bestimmten Gruppe, nicht unbedingt erst dann dazu zu gehören, aber um sich zu vergewissern, dass man dazu gehört. GZ, SZ – gute Zeiten, schlechte Zeiten – ist ein ganz wichtiges soziales Bindeglied für Jugendliche zum Beispiel, die viel Orientierung, viele Wiedererkennungseffekte darin finden. Beim ZDF gibt es natürlich auch herausragende Sendungen, die das genau so machen.

Es gibt aber auch ein paar dynamische Motive, und da wird es schon etwas lästiger. Was ein Missverständnis ist: Fernsehen global. Erstens ist es tatsächlich so, und das darf ich als Randbemerkung platzieren, dass doch vergleichsweise wenig bilateraler Austausch in einer einigermaßen balancierten Form auch nur in Europa, geschweige denn weltweit, passiert. Das ist erst einmal nicht so unerfreulich, weil hervorragende Eigenproduktionen zuerst auch sehr viel mit nationaler Identität zu tun haben. Nun gab es das Missverständnis, dass, wenn in verschiedenen Ländern gleiche Formate präsentiert werden, dass das nur einigermaßen international ähnliche Angebot auch einigermaßen ähnlich aufgenommen wird.

Nehmen wir „Big Brother" als eine Zuspitzung, ein viel diskutiertes Programm, das Sie alle kennen. „Big Brother", das kann ich Ihnen versichern, ist in jedem Land, in dem es gezeigt wurde, nicht nur völlig anders orchestriert worden, sondern auch völlig anders verarbeitet worden. Zugespitzt: interessanterweise waren die eher traditionell als etwas verklemmt verschrienen Länder, wie die Schweiz, Griechenland, Spanien, Portugal oder einige andere, beim Ausstrahlen von „Big Brother" wesentlich freizügiger als die traditionell schon relativ liberalen Sender.

Um nur ein kleines Beispiel zum Thema Länder zu geben: Tatsache ist auch, dass der Kult um „Big Brother" manche strukturelle Ähnlichkeiten hatte, wir aber letztlich dennoch davon ausgehen müssen – ich werde nachher für das Internet noch etwas Ähnliches sagen –, dass wir diese sogenannte globale Mediengesellschaft, wo alle das Gleiche schauen und alle das Gleiche gleich aufnehmen so gar nicht stimmt. Es ist vielleicht nur ein Randaspekt, der mir aber wichtig zu sein scheint, wenn wir über die sog. Internationalisierung des Mediums sprechen.

Geschweige denn, Formatpräferenzen. Hier haben wir zwar einerseits einen hohen Ähnlichkeitswert was die Bedürfnisse betrifft, aber auch das ist nicht das Ei das Kolumbus, auch nur einigermaßen verlässliche Aussagen darüber zu machen, welche Formate auch nur in absehbarer Zeit einigermaßen erfolgreich sein werden. Hier haben wir es mit einem hochdynamischen Faktor zu tun.

Das Gleiche gilt für die Intermediennutzung. Das wurde heute schon angesprochen. Ich muss es nicht weiter bestätigen. Ganz wichtig: Fernsehen wird mit großer Wahrscheinlichkeit bestehen bleiben, aber wir sehen in der Geschichte der Medien, dass die Funktionen der jeweiligen Medien sich verändern und zwar sehr dynamisch. Radio war in der Zeit als das Medium, das zentrale Medium der privaten Nutzung, ein Medium der hohen Aufmerksamkeit. Da saßen die Leute in der Familie zusammen vor dem Radio und haben mit großer Aufmerksamkeit, mit großer Begeisterung zugehört. Radio ist heute, von einigen Ausnahmen abgesehen, eher ein

Parallelmedium geworden. Das Gleiche könnte für das Fernsehen gelten, wird nie ganz gelten, gilt aber zum Beispiel schon, wenn Sie sich wiederum bestimmte Tageszeiten ansehen. Das ist auch erfreulich, weil das für die Quoten gut ist und Fernsehen so etwas wie den sog. Cocktailparty-Effekt. Man hat den Fernseher laufen, guckt nicht die ganze Zeit intensiv zu, aber wenn ein interessanter Beitrag kommt, nehmen wir volle Kanne. Oder irgendein anderes Merkmal ist etwas, was Leute nebenbei anschauen, aber kommt ein interessanter Beitrag, ein Rezept, oder ein interessanter Star, dann kommt die Aufmerksamkeit. Sehr vieles der Nutzung geht dahin und ist nicht a priori eine freie Entscheidung oder Entscheidung für irgend etwas oder gar hoch aufmerksame Nutzung. Das sollten wir uns klar machen.

Vielleicht dazu ein paar Stichwörter, denn es soll ja auch etwas akademisch klingen. Wir sehen, dass Medien durchaus einer Funktionsänderung unterzogen werden von einer Hoch- zu einer Parallelnutzung. Ich komme nachher noch einmal darauf zurück. Wichtig ist auch, das ist beim Fernsehen vielleicht noch etwas schwierig, aber in vielen anderen Medienbereichen, dass die Vorstellung, dass man demografisch – das wurde heute morgen angesprochen – eine genaue Vorhersage machen kann, wer was wann nutzt, zunehmend unter Druck gerät. Mann, Frau – es gibt viele Unterschiede. Alter ist ein durchaus schon lästig gewordener Indikator oder Prädiktor für Fernsehverhalten. Kinderprogramme wurden durchaus zu manchen Zeiten, und ich glaube auch heute noch, von älteren Menschen genutzt. Oder auch umgekehrt, die Vorstellung, dass Musikkanäle ausschließlich für Teenager gelten, stimmt so auch nicht. Wenn Sie sich Musikpräferenzen bei manchen Leuten anschauen – Sie würden sich wundern, was ich mir für Musiksendungen anschaue –, dann hören Sie, dass gerade im Bereich der Musik eine immense Wandlung stattgefunden hat; Eltern gehen mit ihren Kindern zu den gleichen Rockkonzerten. Das wäre zu meiner Zeit unvorstellbar gewesen; meine Eltern zu den Stones, unvorstellbar. Ich brauchte die Stones auch gerade, um mich gegen meine Eltern auflehnen zu können. Heute haben die armen Jungs und Mädchen überhaupt nichts mehr, womit sie gegen ihre Eltern protestieren können. Wir sehen eine starke demografische Veränderung. Ich denke, dass wir auch wissenschaftlich, wenn es um Zielgruppen geht, viel stärker Situationen, in denen genutzt wird, uns vor Augen halten sollen. Also nicht demografisch, das gibt es immer noch, aber es geht gerade durch Technologie zurück zugunsten einer viel stärker situativ und funktional definierten Nutzung.

Schließlich macht die Vorstellung, dass alle alles in einer einzelnen Apparatur zusammen finden wollen, schon deshalb keinen Sinn, weil, wenn ich mir „Titanic" oder „Vom Winde verweht" anschaue, es bis heute jedenfalls sehr unpraktisch wäre, wenn ich mir das in meinem Mobiltelefon anschauen würde. Olympus und Sony haben das einmal versucht, mit irgendwelchen Brillen mit einer kleinen Taste – Sie konnten nebenher auch noch dem Straßenverkehr folgen – zu realisieren. Diese Dinger sind nicht wirklich ein Erfolg geworden. Großbildprojektionen über eine elektronische Brille – das hat nicht so recht funktioniert. Mit anderen Worten: Die

Nutzung ist eben doch so stark situationsabhängig, dass es für viele Funktionen überhaupt keinen Sinn macht, einen Monitor für alles Mögliche zu nutzen, sondern – deshalb nenne ich das Polymedia einfach nur, viele Medien nutzen – ich denke, dass es wahrscheinlich sinnvoller ist, davon auszugehen, dass man in verschiedenen Situationen verschiedene Peripherien hat. Meine Wunschvorstellung wäre natürlich eine mobile Einheit, intelligent, die mich über Blue Tooth oder WLAN mit diesen unterschiedlichen Peripherien, mal der kleine Monitor intim dialogisch, mal der Plasma-Großbildschirm, z.B. im Hotel aber immer mit meiner Intelligenz versehen, also meiner eingekauften abonnierten Intelligenz und mich damit verbunden in die Lage versetzt, sehr flexibel Arbeitsfunktionen, Unterhaltungsfunktionen, aber immer völlig standardisiert mit unterschiedlichen Umgebungen verbinden zu können.

Insofern ist es eine Optionsgesellschaft, wenn man es etwas großartig formuliert, in der wir sehr vieles mobil bei uns haben, aber verbunden mit unterschiedlichen Peripherien. Das ist ein Horror für die, die Monopole anstreben, aber ich denke noch einmal, dass eine der wirklich unerfreulichsten Entwicklungen der digitalen Welt ist, dass dieses an und für sich sehr einfache Prinzip des null-eins so komplex geworden ist, aus zum Teil nachvollziehbaren betriebswirtschaftlichen Gründen, dass der schnelle Übergang von der einen in die anderen Hardwares im Grunde fast nicht möglich ist.

Fernsehen als Handlung: wir sehen sicherlich mit jeder neuen Technologie, mit jedem neuen Programm, was in Zukunft zwangsläufig eine weitere Diversifikation der Nutzungsformen und nicht nur der Technologie bringt. Wir sehen, dass die verschiedenen Medien in einem Konzert miteinander zu sehen und idealeter auch ein ständiger Austausch zwischen beiden stattfindet. Nicht zufällig sind die erfolgreichsten Websites weltweit die von Massenkommunikations- und speziell Fernsehanbietern. Das zeigt, dass das Branding, dass der Markenname eines Massenkommunikationsanbieters so stark ist, dass er eben nicht nur für die Unterstützung des eigenen Programms von vornherein eine sehr gute Ausgangsposition hat. Nehmen wir das BBC-Modell, dritte Säule online, was in Deutschland auch zum Teil umgesetzt und zum Teil erst diskutiert wird, macht einfach Sinn. Ich denke, dass da ein Teil auch der zukünftigen Entwicklung hingehen sollte.

Wir haben es mit einem Mix aus stabilen und variablen Motiven von Seiten der Nutzer zu tun: Die Leute wollen nicht ständig Innovationen haben, sondern eine gute Mischung aus beiden. Die Kunst besteht darin, wie diese Mischung auszusehen hat. Nicht alles interaktiv zu machen, sondern erst einmal auch sehr viele traditionelle Formate beizubehalten, ist ein ganz wichtiger Punkt. Was allerdings das Geschäftsmodell der Zukunft immens schwierig macht, ist, dass unweigerlich mit jeder neuen Typeneinführung, mit jeder neuen Nutzungsform der Wettkampf um diese Aufmerksamkeit, die zum Schluss dann zu Quoten und zu Werbeeinnahmen führen muss, natürlich immer weiter zunimmt und das vergleicht sich abnehmend, wie jedenfalls im Moment, mit den verfügbaren Mitteln. Das ist eine Geschichte, die ich noch nicht so schnell gelöst habe.

Die Nutzerkonsequenz: also Cross Media Angebote. Ganz entscheidend sind auch neue Werbe- und Produktionsformen, neue Funktions- und Situationstypologien.

Was sind Kriterien für digitales Fernsehen? Welche Anregungen gehen von der Hard- und Software aus für die Kognition, also für diese Orientierungsfunktion, für eine gute Kosten-Nutzen-Kalkulation. Welchen Ablenkungswert haben die Medien untereinander? Welche Netzwerkdynamik? Zu dem Faktor, den ich eben genannt habe, gehören welche Kohäsionen bei der jüngeren Generation erreicht werden? Welche Hypeness geht von dem Medium aus? Nicht zu unterschätzen, wie wichtig selbst Hardware immer noch sein kann. Das sehe ich im Fernsehbereich im Moment nicht. Aber im portablen Bereich, im mobilen Bereich ist selbst die Hardware als Coolnessausweis, also als Ausweis, dazu zu gehören, sehr wichtig. In den Niederlanden, wo ich lange gelebt habe, war es so, dass ein Teenager pro Jahr bis zu dreimal sein Mobiltelefon wechselt, einfach, um das jeweils neueste Modell zu haben. Das wird jetzt auch durch die ökonomischen Umstände wieder anders geworden sein. Im Moment ist das für das Fernsehen nicht vorstellbar. LCD, Plasma sind einfach noch nicht attraktiv genug, um ein Coolnessausweis zu sein. Sie haben den Nachteil, dass sie theoretisch aber nicht praktisch portabel sind.

NUTZUNG	FUNKT	ORT	INV	SOZ	HARD
KOMMUN	PRI	M	H	I	K
	PROF	S/M	H	I/O	K/M
INTERAKT	PRI	S/M	H	I	K/M
	PROF	S/M	H	I/O	K/M
INFOPASS	PRI	S/M	M	I	K/M
	PROF	S/M	H	I	K/M
UNTPASS	PRI	S		I/O	G

Bild 1

Das ist ein Versuch, die Nutzung, die Funktion, den wahrscheinlichen Ort, das Involvement, also die Bereitschaft, sich wirklich ganz mit einer Sache zu befassen, die sozialen Umstände und die Hardware in so eine Art von Raster und Matrix zu bringen (Bild 1). Ich sage nur ganz kurz, was dieses Geheimnis heißen könnte. Es hat relativ wenig mit Erotik zu tun, auch wenn da SM steht, sondern es heißt einfach nur, dass Kommunikation nach privat und professionell aufgeteilt werden kann, Interaktion nach privat und professionell, Informationsaufnahme passiv, privat und professionell. Und natürlich Unterhaltung passiv. Wiederum wünsche ich Ihren Mitarbeitern oder Ihnen, wenn Sie Chefs sind, eher privater Natur, obwohl wir wissen, dass auch am Arbeitsplatz die Unterhaltung sehr groß ist. Den Ort kann man unterscheiden nach einem mobilen bzw. stationären Ort. Das Involvement, das Einsteigen kann hoch oder mittel ausgeprägt sein. Die soziale Situation ist ganz wichtig. Wenn es um Fernsehen geht, ist manchmal eine intime, meistens sogar bei der Mediennutzung manchmal eine offene, so dass mehrere Leute etwas nutzen. Hard heißt Hardware, heißt entweder klein, mittel oder groß. Das Ganze wird im Internet stehen.

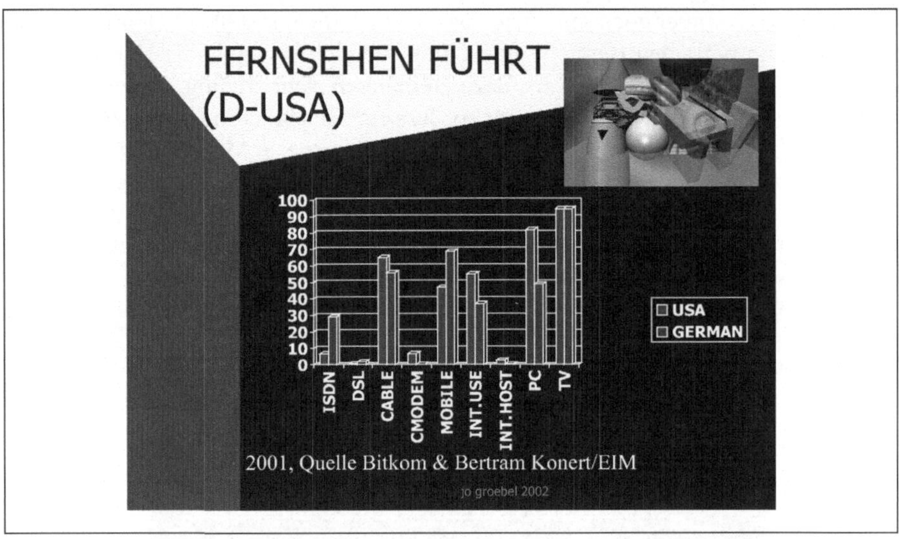

Bild 2

Jetzt kommt die Meso-Ebene, ein paar Daten (Bild 2). Nennen wir es einmal Fernsehen zwischen einem globalen Medium und einem Dorfmarktplatz. Fernsehen und andere Medien: kleine Übersicht. Fernsehen und andere Aktivitäten. Es ist einfach doch eine gewisse Ernüchterung wenn es um Interaktivität geht. Wenn wir uns eine wilde Mischung aus Nutzungszugangstechnologien und verschiedenen Medien anschauen, sehen wir, dass mein Vergleich speziell der USA und Deutschland, immer noch das Fernsehen selbst in den USA mit weitem Abstand führt. Man kann fast, wenn man sich die Zahlen anschaut, ein bisschen befürchten, dass mit 60 %, manchmal maximal 80 % PC-Ausstattungen in Haushalten wirklich ein Sättigungsgrad erreicht ist. Da tut sich seit Jahren eigentlich relativ wenig. Insofern die Vorstellung, globales Medium, und alle sind irgendwann auf dem Internet, scheitert an Prozenten, die Sie in den letzten Jahren – ich bitte Sie, mich zu korrigieren – relativ

wenig Dynamik mehr aufweisen. Das muss nicht nur etwas mit ökonomischen
Gründen zu tun haben. Es kann wirklich sein – vielleicht müssten dann die älteren
Generationen rauswachsen, bei den jüngeren sieht das nämlich anders aus –, dass
wir es für eine Weile noch zunächst einmal mit einer Sättigung zu tun haben. Fernsehen ist ein Plug-in-Medium. Der PC ist es wirklich nicht. Ich gehe darauf nicht
weiter ein.

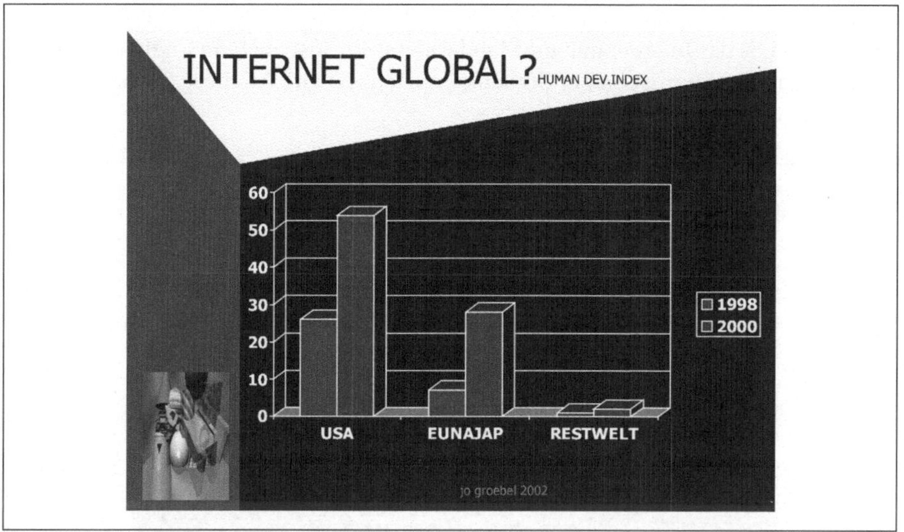

Bild 3

Ist das Internet global (Bild 3)? Ein kleiner Randaspekt nur, aber das Internet das
globale Medium! Was hier steht ist nicht etwa ein neues Land, das EUNAJAP heißt,
sondern es ist der Vergleich zwischen den USA, Europa, Nordamerika – Japan und
Australien hätte ich noch ergänzen sollen – und dem Rest der Welt. Der Rest der
Welt repräsentiert aber in Bezug auf Bevölkerungsmenge immer noch etwa 80 bis
90 %. Das heißt, Internet ist im Jahre 2000, wenn es um die Prozente geht, in den
USA mit etwa 55 % angegeben. Auch da schwanken natürlich die Aussagen der
verschiedenen Studien. In den OECD-belegten hochentwickelten Ländern, also
Europa, Nordamerika, Japan, Australien, erreicht es heute im Durchschnitt
immerhin einen Wert von 30 %. Aber der komplette Rest der Welt findet internet-
mässig nach wie vor so gut wie überhaupt nicht statt. Afrika ist gleich null. Da liegen
die Raten weit unter einem Prozent, was übrigens auch gesellschaftspolitisch interessant ist. Größere Teile Asien genauso Lateinamerika ist noch vergleichsweise gut
da, aber auch das ist ein ökonomischer Faktor. Große Mengen außerhalb der Metro-
polen haben keinen Internetzugang. Idem dito Mittel- und Osteuropa; die Elite ja.
China zum Beispiel auch ja, Shanghai natürlich viel Internetzugang. Aber sobald Sie
ins Land gehen, ist es finito. Da ist nichts mehr mit Internet. Die Vorstellung, das

Internet sei auch noch einigermaßen global, ist eine Fehleinschätzung. Ich sage es
nur, weil wir so solide gewonnene Mythen, die leicht zahlenmäßig widerlegbar sind,
mit uns bewegen und wo man sagen muss, dass es vielleicht nicht das deutsche
Thema ist, aber man sollte es sich ab und zu zumindest einmal vor Augen halten.
Kleine Randbemerkung auch hier: Selbst da, wo das Internet verbreitet ist, ist natürlich immer noch ein Riesensprachproblem. Wir sind gerade involviert mit einer kulturell vergleichenden Studie, die auch China mit einbezieht. Tatsache ist, dass unter
den chinesischen Internetnutzern, die wir in dieser Gesamtstudie untersucht haben,
immerhin 71 % das Internet nur auf Mandarin nutzen, also nicht in Englisch. Das hat
natürlich auch etwas mit eigener Sprachkompetenz zu tun. All diese Globalisierung,
Globalität, existiert nicht wirklich.

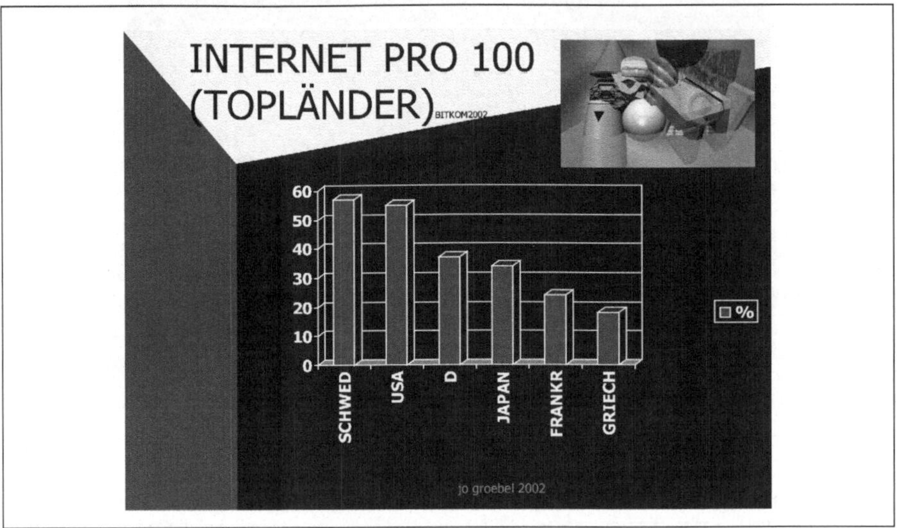

Bild 4

Nehmen wir die Topländer, dann sehen wir, dass die Nutzung in Bezug auf Prozent
in der Bevölkerung in Schweden und Skandinavien noch etwas höher liegt als die
USA (Bild 4). Dort sind in beiden Fällen etwa 50 % der Bevölkerung erreicht.
Deutschland schwanken zwischen 35 und 40 %, jedenfalls schon deutlich weniger.
Japan liegt noch einmal geringer, wobei interessant ist, dass es hier um die stationäre
Internetnutzung geht. Mobil sieht das natürlich beim Internetzugang wieder ganz
anders aus. Da liegt er bei den Jugendlichen sogar bei 90%. Das zeigt auch schon
wieder, dass wir kulturell gar nicht von einer homogenen Situation weltweit aus-
gehen können. Griechenland bildet dann in Europa leider schon ein gewisses
Schlusslicht, weit unter 20 %. Interessant ist: Was ist mit Leuten, wenn sie das
Internet nutzen, im Vergleich zu denen, die es nicht nutzen. Ich habe jetzt nur die

amerikanischen Beispiele genommen, die uns aber einen Gewissen Hinweis geben, wo es in Deutschland hingehen könnte.

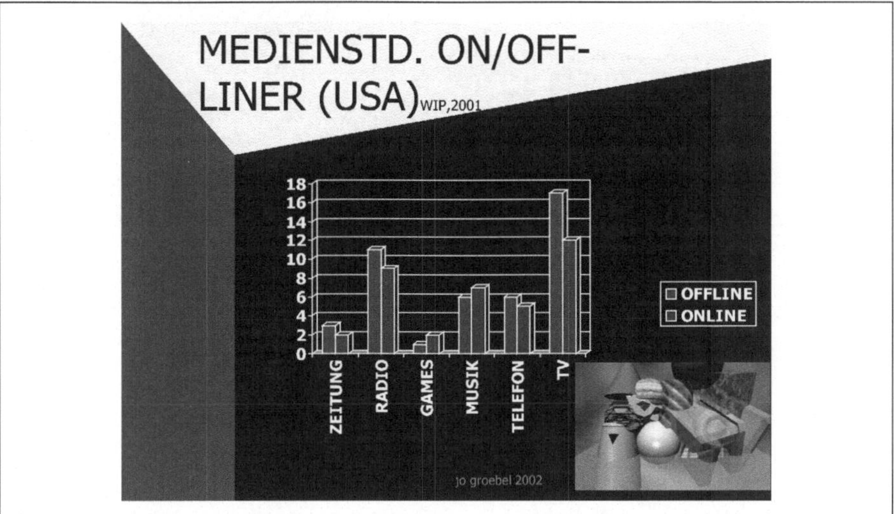

Bild 5

Sobald Menschen Internet nutzen, ich rede jetzt speziell noch einmal zugespitzt auf die junge Generation, geht Zeit schon vom Fernsehen weg (Bild 5). Wohlgemerkt nicht in dem Sinne, dass ich Entweder-Oder-Entscheidungen treffe. Sie sehen das auf der rechten Seite. Tatsache ist, dass der Fernsehkonsum bei Off-Liner, also die noch nicht Internet nutzen, durchaus schon bemerkenswert höher ist als die, die das Internet sehr wohl nutzen.

Jetzt aber das Interessante: Es gibt eine Studie von Grace to Communications, neben vielen anderen, die das sehr plastisch illustriert haben mit entsprechenden Abbildungen. Tatsache ist, dass sich Fernsehen und Internet natürlich nicht ausschließen. In der jüngeren Generation ist es heute völlig üblich – was ich früher schon mit Musik und Fernsehen auch zum Teil gemacht habe –, dass die auf dem Internet surfen und emails schreiben und gleichzeitig läuft der Fernseher auf dem zweiten Monitor. Diese Parallelnutzung ist heute ein durchaus gängiges Muster. Es wäre gar nicht sinnvoll, wenn Sie im Monitor selber gleichzeitig in einem Fenster den Fernseher laufen hätten. Das ist nicht die Nutzungsform. Die Nutzungsform ist: der Fernseher läuft im Hintergrund, Großbildschirm oder größerer Bildschirm und Cocktailpartyeffekt. Ab und zu gucken sie mal hin, wenn etwas interessant ist.

Bild 6

Was sind denn die Nutzungsformen (Bild 6)? In allen Ländern, die wir in der World-Internetstudie untersucht haben, ist email – das wissen Sie auch – mit Abstand die bevorzugte Nutzungsform. Das schwankt ein bisschen zwischen den verschiedenen Ländern. Das ist fast schon eine willkürliche Auswahl. Asien, USA, Deutschland, Europa sind hier enthalten. Das ist aber in allen Ländern darüber hinaus ähnlich. Man schwankt ein bisschen. Es wird von Nutzern angegeben, dass sie Internet mehr für eine Recherche, also search engines, Suchmaschinen benutzen, mal dass sie es für Nachrichten benutzen, mal für das Surfen. Aber übereinstimmend Online-Nutzung – ich rede jetzt nicht von Downloaden – von massenmedienähnlichen Angeboten über das Internet, kommt nirgendwo unter den Top 5 Prioritäten der Internetnutzung vor, nirgendwo. Downloaden ist zum Teil anders, aber ich würde das nicht als Lifenutzung eines Massenmediums sehen. Es hat viel mit Technologie zu tun. Es hat damit zu tun, dass eben TDSL- oder DSL-Anschlüsse noch eher die Ausnahme sind und Streaming technisch doch noch nicht so umgesetzt wird. Aber selbst da, wo es passiert, ist es eher die Ausnahme. Das sollten wir uns vor Augen halten.

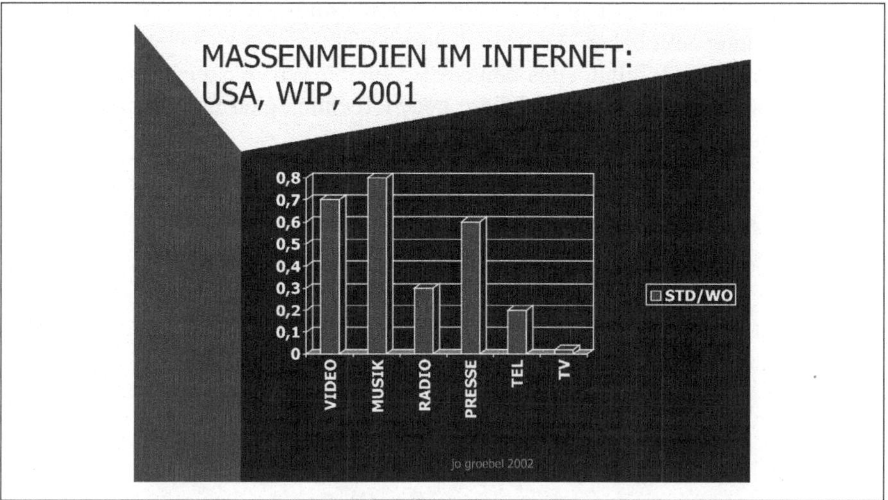

Bild 7

Meine fünfte These wäre: Es hat genau etwas mit der Nutzungstechnologie zu tun. Das kann ich noch einmal vertiefen. Wenn wir uns dann schließlich die Massenmediennutzung im Internet anschauen – hier wieder amerikanische Beispiele, auch relativ neuere Daten von Ende 2001 – haben wir es erst einmal mit einer sehr niedrigen absoluten Zahl zu tun (Bild 7). Wir sehen, dass sich die von einem repräsentativen Publikumquerschnitt, bei Jugendlichen ist es höher, bei Nutzern des Internet eine irgend geartete massenmediale Nutzung in einem sehr niedrigen Stundenbereich bewegt. Alles unter einer Stunde. Dass TV dabei, also wirklich normales Fernsehen, ein Pushprogramm, so gut wie überhaupt nicht vorkommt, eher noch Internettelefonie, wohlgemerkt akustische Telefonie. Es hat viel mit Technologie zu tun soll jetzt kein defätistischer Hinweis sein. Tatsache ist, dass die traditionelle Idee, dass der Computer für massenmediale Inhalte in einer vergleichbaren Form wie die bisherigen Massenmedien genutzt wird, bestätigt sich international nicht und bestätigt sich auch da nicht, wo ein relativ potentes Angebot legaler Angebote vorhanden ist. Ich rede nicht von Downloaden, von Downloaden von Filmen.

Mit anderen Worten: Interaktivität global? Fernsehen als passives Verhalten ist immer noch an der Topposition. Die Interaktivität beim Fernsehen ist trotz vieler neuer Formen immer noch relativ begrenzt. Wir sehen einen deutlichen Trend zur Parallelnutzung Fernsehen-Internet. Aber wenn Internet da ist, wird das traditionelle Fernsehen weniger genutzt, speziell bei der jüngeren Generation.

Was sind die gesellschaftspolitischen Konsequenzen? Trotz dieser vielleicht etwas defätistisch klingenden internationalen undelegierten, aber doch gleichzeitig schon repräsentativen Daten würde ich immer darauf bestehen bleiben wollen, dass natür-

lich sehr wohl die Entwicklung nicht so revolutionär im Fernsehbereich verläuft wie
das manche unterstellt haben. Es wäre dennoch nicht richtig zu sagen, dass nichts
Neues passiert, also folglich alles beim Alten bleibt. Wir müssen sehen, dass die
Gesellschaftspolitik sehr wohl auf diese neuen Technologien und die neuen Nutzungsformen reagieren muss.

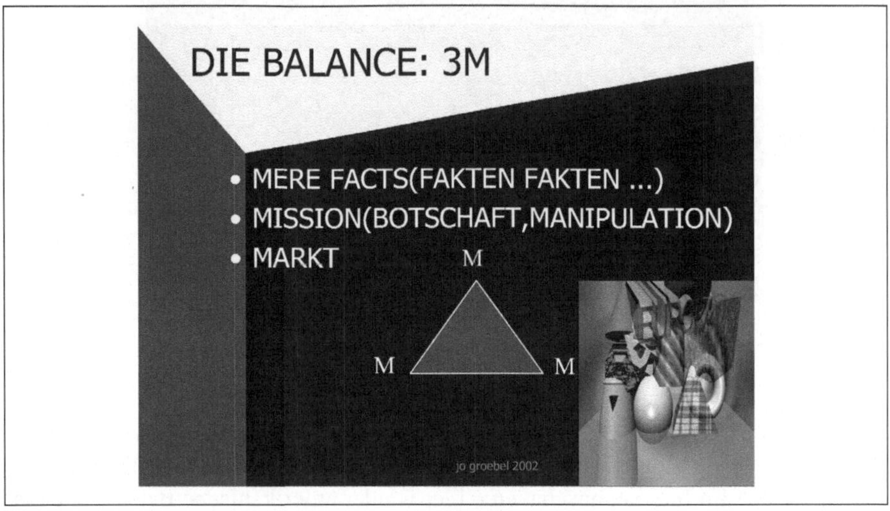

Bild 8

Ich würde das gern abschließend noch an drei Stichwörtern: Journalismus,
Dilemma, Garantien, darstellen (Bild 8). In der Mischung aus neuen Technologien
und ökonomischem Druck sehen wir heute, dass auch die traditionelle Form des
Journalismus, wo man fragen könnte: Welche Mission, welche Botschaft hat man als
Journalist? Und das vor allem der Markt eine zunehmende Rolle spielt. Tatsache ist
auch, dass im traditionellen Journalismus auch eine Bewegung hin zu Markt ist. Um
noch einmal neutral die Diskussion von Montag aufzugreifen: Es kann nicht
angehen, dass eine Nachrichtensendung überhaupt nur geöffnet wird für Product
Placement, ohne dass das als Label geschieht. Selbst mit Label darf das nicht sein.
Da kommt jetzt mein großes Credo, dass wir da überhaupt nicht kompromissbereit
sein dürfen und auch wirklich den öffentlich-rechtlichen Rundfunk brauchen. Das
darf nicht angehen. Im Unterhaltungsbereich kann man sich viele Zwischenformen
vorstellen. Da ist es nicht so arg. Im Informationsbereich darf es nicht sein. Es wird
aber diskutiert. Es gibt Leute, die der Meinung sind, wird dürften in einer Nachrichtensendung schon durchaus anfangen mit Sponsorship zu arbeiten. Ich halte das für
hochgradig problematisch.

Noch ein paar Dilemmata im Bereich der Maß- und Massenkommunikation. Wir
haben es einerseits auch beim Fernsehen damit zu tun – das ist jetzt eher die journa-

listisch gesellschaftspolitische Konsequenz –, dass angeblich immer komplexer wird, und dass aber das Medium durchaus immer reduzierter und kürzer reagieren muss, auch im Sinne kürzerer Beiträge. Das ist eine gesellschaftspolitische Aufgabe. Ich gehe etwas darüber hinaus.

Wir haben eine Globalisierung. Wir haben gesehen – es gibt Gegendaten –, dass es mit der Globalisierung zum Teil gar nicht so weit her ist. Lokale Identität spielt aber eine Rolle, und darin sehe ich eine der Stärken des interaktiven Fernsehens, nämlich sehr viel stärker auf solche lokalen regionalen Aspekte einzugehen. Die Frage, was tun wir mit dem Dilemma, mit den Drahtseilakt zwischen einerseits einer zunehmenden Informationslastigkeit, aber andererseits dem Bedürfnis nach emotionalen Kicks? Was machen wir mit der Tatsache, dass Journalismus natürlich einerseits Transparenz erfordert, ja notwendig macht, andererseits aber auch durchaus Hypes eine Rolle spielen? Was machen wir mit der Tatsache, dass immer schneller – nehmen Sie den letzten politischen Wahlkampf – Themen auftreten, aber je mehr Sie davon anbieten, je mehr nimmt möglicherweise das Interesse ab? Schließlich, und das geht weit hinaus über das, was uns heute vor allem interessiert. Aber es ist ein sehr großer journalistischer wie auch gesellschaftspolitischer Faktor: Was machen wir eigentlich mit Pressefreiheit unter dem Aspekt, dass zum Teil die Sicherheit bedroht sei?

Bild 9

Herausforderung: Neue Redaktions-Kommerz-Konvergenz (Bild 9). Das halte ich für etwas, das gesellschaftspolitisch dringend angesprochen werden muss, denn die meisten dieser Begriffe – nehmen Sie non-life – wird im Moment in manchen Teilen der Region sehr stark gepriesen als das einzig gewinnbringende Programm. Aber ist das noch Fernsehen im herkömmlichen Sinne oder – auch eine Diskussion am Montag im Marketing Club zu Hamburg – Programming? Ich rede nicht über das Programming im Sinne von dem, was die Sender an Programm machen. Was ist, wenn Verbrauchermagazine von vornherein von einem Unternehmen schon produziert und angeboten werden? Das sind heute durchaus nicht nur vieldiskutierte sondern auch gehandhabte Sachen. Welche Durchsicht, welche Transparenz ist für den Konsumenten dann noch da? Das sind Fragen, die ganz unabhängig von der wirtschaftlichen Umsetzung, doch auch auf das Tapet gehören.

Daher brauchen wir in unserer Medienlandschaft gesellschaftspolitisch abgesicherte Garantien für mindestens fünf Faktoren und Funktionen: Die Information selbstverständlich, und zwar neutral im Pluralismus, so dass wirklich alle gesellschaftlichen Gruppen zum Zuge kommen können. Das ist eine Aufgabe des Fernsehens. Das können Sie nicht bezahlbar machen lassen. Sie brauchen eine gesellschaftliche Integration. Sie brauchen Teilhaber der Gesellschaft auch an Politik, zum Beispiel durch Kultur und Bildung, auch in den Aufgaben und Funktionsaufgaben für den öffentlichen-rechtlichen. Innovation ergibt sich nicht ausschließlich aus wirtschaftlichen Erfolgen, sondern Innovation hat manchmal einen sehr langen Atem nötig, bevor sie durchschlagen kann. Wenn Sie sich heute MTV-Clips und Viva-Clips anschauen, dann finden Sie dort eine Ästhetik vor, die vor 50, 60 Jahren im Dadaismus oder Expressionismus entwickelt wurde. Das hat sich damals nicht verkauft. Das war nur dadurch möglich, dass es einen öffentlichen Raum gab, in dem Kultur möglich war. Sie sehen in dem einen Bereich in mir einen Verfechter, der sagt: Nicht alles regelt sich automatisch im Markt. Das kann man dem Markt überlassen, aber es ist nicht alles marktgerecht; erst recht nicht, wenn wir über kleinere Länder reden.

Sie bekommen von mir zum Schluss noch ein paar Zitate, die etwas mit Medien zu tun haben. Das ist ein Wortspiel für die englisch- oder amerikanischsprechenden Gäste unter Ihnen: „I keep reading between the lies". Über das Fernsehen wurde einmal gesagt: „Jemals die Zeitung ersetzen? Nein! Haben Sie schon einmal versucht, mit einem Fernsehgerät eine Fliege tot zu schlagen?" Eine gewisse Überlebenschance können wir dem Fernsehen zubilligen. Noch zwei, die etwas damit zu tun haben, dass manche Kinder irgendwann gern wieder zurückkommen: „You see more of your children once they leave home". Das hat etwas weniger mit Fernsehen zu tun". Aber den Johann Cruyff wegen gestern Abend: „Es macht mehr Spaß im Fernsehen aufzutreten als es zu schauen." Es ist ja manchmal schon so, dass mehr Publikum im Studio ist als zuschaut.

6 PANEL 2:
Inhalte und ihre Verwertung:
Ordnungs- und wirtschaftspolitische Fragen

Moderation:
Prof. Dr. Axel Zerdick, Freie Universität Berlin

Teilnehmer:
Martin Cronenberg, Bundesministerium für Wirtschaft
und Arbeit, Berlin
Prof. Dr. Carl-Eugen Eberle, ZDF, Mainz
Dr. Marcus Englert, Kirch Intermedia GmbH, München
Prof. Dr. Thomas Hoeren, Universität Münster
Dr. Hans-Georg Junginger, Sony Europe GmbH, Berlin

Prof. Zerdick:
Wir wollen jetzt versuchen, uns auf ordnungs- und wirtschaftspolitische Fragen zu konzentrieren. Ordnungspolitik in dem Sinne: Was sind die Rahmenbedingungen, unter denen digitales Fernsehen sich entweder weiterentwickeln kann oder genutzt wird für weitere Zwecke und was sind ggf. Elemente der Rahmenbedingungen, die eher als hinderlich angesehen werden? Wirtschaftspolitik in dem Sinne, dass wir es völlig unabhängig von der gegenwärtigen konjunkturellen oder strukturellen Situation Europas oder der Bundesrepublik sehen. Wirtschaftspolitik, mit dem viel verbunden wird, Wachstum und Beschäftigung zu fördern und dieses mit Struktur und Infrastrukturpolitik möglicherweise zu verbinden.

Wir haben es uns so vorgestellt, dass wir jetzt zunächst eine Runde von Kurzbeiträgen von jeweils etwa 7 Minuten machen, und zwar in der Reihenfolge, wie sie im Programm vorgesehen ist. Sie stellen fest, dass wir eine interessante Kombination unterschiedlicher beruflicher Spezialisierungen einerseits und unterschiedlicher disziplinärer und Erfahrungshintergründe andererseits haben. Mein Vorschlag heißt, dass Herr Cronenberg zunächst beginnt und die Perspektive der Ordnungs- und Wirtschaftspolitik aus der Sicht des Ministeriums vorstellt.

Herr Cronenberg:

Aus Sicht des Wirtschaftsministeriums, jetzt Wirtschaft und Arbeit, ist es das zentrale Ziel, die Chancen für Wachstum und Beschäftigung auszuschöpfen. Der Sektor Information und Kommunikation – Telekommunikation eingeschlossen – ist bei uns der drittwichtigste Wirtschaftszweig. Wir haben in diesem Jahr insoweit kein Wachstum, sondern die letzten Prognosen gehen davon aus, dass wir einen gewissen Rückgang sowohl beim Umsatz als auch bei der Beschäftigung haben. Bereits für das nächste Jahr werden wieder bessere Zahlen erwartet, und es müssen alle Anstrengungen unternommen werden, diese Wendung zum Besseren zu beschleunigen und zu verstärken.

Wir befinden uns hier in einem scharfen internationalen Wettbewerb. Alle Länder haben besondere Programme, wie der Weg zur Informationsgesellschaft gestaltet werden kann, ohne dass Brüche entstehen und ohne dass zu viele zurückbleiben. Wir sind bei uns in Deutschland darauf angewiesen, Rahmenbedingungen zu schaffen, die ein Prosperieren dieser Wirtschaftszweige – und auch der ganze Bereich der Kultur ist durchaus ein Wirtschaftszweig von erheblichem Gewicht – mit mehr wirtschaftliches Wachstum und mehr Beschäftigung zur Folge haben. Wir haben insoweit in den letzten Jahren gute Fortschritte gemacht, die man auch ziffernmäßig ablesen kann. Aber klar ist auch, dass wir noch weite Schritte zurückzulegen haben. Nach unseren Zahlen nutzt jeder zweite Bundesbürger privat oder beruflich das Internet. Die Zahl unserer Breitbandanschlüsse in Deutschland liegt bei 3,5 Millionen. Die Voraussetzungen sind also gut, rasch zusätzliche Dienste – gerade auch vom Mobilbereich auf Basis UMTS – zu entwickeln. Der Staat kann dazu einen wesentlichen Beitrag leisten. Ich nenne nur die Stichworte: eGovernment ist eine neue Form von Content mit hoher Attraktivität für Bürger und Wirtschaft. Ich verweise etwa auf das Programm BundOnline 2005 und unser Technologie-Projekt MEDIA@Komm. Die Koalition hat zusätzlich beschlossen, jetzt die elektronische Gesundheitskarte auf freiwilliger Basis einzuführen. Freiwillig ist deswegen aussichtsreich, weil man eine solche Karte so ausgestalten kann, dass die Attraktivität für den Patienten oder auch den Gesunden so groß ist, dass er sich in jedem Fall für eine solche Karte entscheidet. Vergleichbare Projekte gibt es in Richtung auf eine Jobkarte, und wir werden uns bemühen, auch einen digitalen Personalausweis mit Signierfunktion einzuführen. Die digitale Signatur ist für viele Modelle im Bereich eBusiness von zentraler Bedeutung.

Prof. Zerdick:

Erlauben Sie eine Zwischenfrage? Das klingt irgendwie mehr nach Rationalisierung und nicht nach Wachstum und Beschäftigung?

Herr Cronenberg:

Das ist ein Einwand, der oft gemacht wird. Er ist nur aus meiner Sicht zu kurz gesprungen. Die Einführung von eBusiness in allen Branchen unserer Wirtschaft ist mit einem erheblichen Innovationsschub verbunden. Dies kann auch Arbeitsplätze freisetzen, aber man muss die Gegenfrage stellen: Wo wollen wir im internationalen Wettbewerb bleiben, wenn wir die Möglichkeiten nicht nutzen, die sich aus der Innovation ergeben? Das zeigen alle Untersuchungen – ich verweise beispielsweise darauf, dass vorgestern in London ein neuer Benchmarkingbericht für die britische Regierung vorgestellt wurde, in dem die wichtigsten Industrieländer bewertet und verglichen werden. Deutschland und Europa haben nur die Chance hier Wohlstand, Wachstum und Beschäftigung zu sichern, wenn wir die neuen Möglichkeiten der ITK-Technologien auch wirklich nutzen.

Das Wirtschaftsministerium hat insoweit weitreichende Zuständigkeiten. Ich erinnere daran, dass wir zuständig sind für den TK-Bereich, für Teile des Medienrechts wie etwa die eCommerce Richtlinie, die digitale Signatur, den Datenschutz. Wir werden uns darum bemühen, in der nächsten Zeit den Ordnungsrahmen weiter zu verbessern. Wir werden – heute Morgen ist das angeklungen – versuchen, ohne Grundgesetzänderung zu einer Entflechtung von Gesetzgebungskompetenzen zu kommen. Für den Jugendschutz ist dies bereits gelungen. Die Regelungen werden am 01. April 2003 in Kraft treten. Für den Datenschutz sind wir uns mit den Ländern im Prinzip einig, dass hier die Gesetzgebungskompetenzen auf den Bund übergehen. Von noch größerer Bedeutung ist es allerdings, dass wir Anstrengungen unternehmen, auch die Vollzugsstrukturen und das Verwaltungsverfahren zu konzentrieren und zu straffen, um dem Einwand entgegen zu wirken, der Gesetzesvollzug wäre Haupthemmnis für Investitionen in diesem Sektor aus dem Ausland. Ich muss allerdings zugeben, dass uns zumindest bislang kein Fall bekannt geworden ist oder namhaft gemacht werden konnte, dass eine konkrete Unternehmensansiedlung oder Investition an der Frage der Aufsicht oder ihrer Struktur gescheitert wären.

Wir werden in diesem Zusammenhang auch prüfen, ob die Effizienz des staatlichen Ordnungsrahmens dadurch verbessert werden kann, dass wir eine, wie es in der Koalitionsvereinbarung heißt, institutionalisierte Plattform für Bund-Länderkoordinierung einführen; etwas, das früher und vielleicht auch heute noch unter dem Stichwort Kommunikationsrat gelaufen ist. Wir müssen selbstverständlich darauf achten, dass hier nicht eine zusätzliche Aufsichtsstruktur raufgepfropft wird, sondern dass wirklich Transparenz und Verfahrensökonomie verbessert werden.

Wir setzen ferner darauf, dass wir die Selbstkontrolle der Wirtschaft etwa im Jugend- und Datenschutz weiter ausbauen. Das Thema Urheberechtsschutz ist schon angesprochen worden. Das schwierige Problem ist zu lösen, wie man die Digital Rights Management-Verfahren rasch in die Praxis einführen kann und wie dies in Einklang gebracht werden soll mit den jetzt parallel zur Anwendung kommenden Pauschalabgaben auf Geräte, wobei auch die Frage, welche Geräte von diesen Pauschalabgaben erfasst werden sollten, nach wie vor politische Bedeutung hat.

Wir werden dann in dieser Legislaturperiode sicherlich auch bei der EU-Richtlinie „Fernsehen ohne Grenzen" zu Entscheidungen kommen müssen. Dabei geht es auch um die Frage, ob wir eine allgemeine Contentrichtlinie wollen. Hier ist die Auffassung unseres Ministeriums, dass wir in dieser Frage offen sind, dass aber auf jeden Fall verhindert werden muss, dass man über eine solche Content-Richtlinie die umfängliche Regulierung für das Fernsehen etwa auch auf Mediendienste oder gar auf Teledienste überträgt.

Den Bereich der Telekommunikation habe ich schon erwähnt. Die TK-Richtlinien sind bis zum Juni d.J. in deutsches Recht umzusetzen. Natürlich werden wir uns bemühen, auch in dem Bereich der Telekommunikationsgesetzgebung den Ordnungsrahmen so weiterzuentwickeln, dass wir optimal die Möglichkeiten auch der neuen Medien, sich am Markt durchzusetzen, unterstützen.

Insgesamt hat die Bundesregierung angekündigt, dass sie bis zum Sommer nächsten Jahres ein neues umfassendes Programm vorlegen wird: Informationsgesellschaft Deutschland 2006. Alle Bundesressorts müssen dazu in Diskussion mit allen Beteiligten Vorstellungen entwickeln, wo Deutschland unter dem Aspekt Informationsgesellschaft am Ende der Legislaturperiode stehen sollte. Wir sind sicher, dass es zu einer interessanten Diskussion kommen wird und wir dem Kabinett ein gutes und innovatives Programm vorlegen können, das den Leitfaden abgeben wird für die Politik in dieser Legislaturperiode. Vielen Dank.

Prof. Eberle
Konvergenzprozesse zwischen Fernsehen und Internet kommen nur zögerlich voran. Ursachen hierfür sind unzureichende technische Voraussetzungen, Fehleinschätzungen der Kundenbedürfnisse und unzeitgemäße urheberrechtliche Beschränkungen.

Die Digitalisierung begünstigt Angebotsformen, die vorhandene Produktionen einer Zweitverwertung in neuen Diensten zuführen. Die Attraktivität dieser Zweitverwertungen im Pay TV leidet unter der Schwäche, die das Entgeltfernsehen in Deutschland insgesamt prägt. Zweitverwertungen in öffentlich-rechtlichen Spartenkanälen (Beispiel ZDF Theaterkanal) dienen der Erfüllung des öffentlich-rechtlichen Funktionsauftrages und bedienen Sektoren, die von privaten Anbietern tendenziell vernachlässigt werden.

Die Digitalverwertung bietet sich für Geschäftsmodelle an, bei denen öffentlich-rechtliche Veranstalter und private Unternehmen in Form einer Public-Private-Partnership sinnvoll und zum Nutzen beider Seiten zusammenarbeiten. Dies gilt besonders auch für die Erschließung neuer Angebotsformen auf dem Sektor der digitalen mobilen Kommunikation.

Die Nutzung vorhandener Werke in digitalen Verwertungsstufen wird durch das geltende Urheberrecht behindert. Die Reform des Urhebervertragsrechts hat die pauschale Rechteabgeltung erschwert. Vor allem aber entzieht das Verbot der Übertragung unbekannter Nutzungsarten (§ 31 Abs. 4 UrhG) Werke vergangener Schaffensperioden breitflächig der Nutzung in neuen Diensten, soweit diese als neue Nutzungsarten angesehen werden müssen, was häufig umstritten ist. Eine versprochene Gesetzeskorrektur steht nach wie vor aus. Diese Situation schadet nicht nur den Urhebern selbst, sondern allen am Verwertungsprozess Beteiligten. Zugleich schmälert sie das verfügbare Angebot und damit die Attraktivität der neuen Dienste.

Die urheberrechtliche Vergütung der Werknutzung in neuen digitalen Diensten kann sich nicht an den Sätzen orientieren, die für die Fernsehnutzung gezahlt werden. Sie muss vielmehr der teils noch unsicheren, jedenfalls aber andersgearteten Finanzierungssituation der neuen Dienstleistungen Rechnung tragen. Auch Fragen der Reichweite und Akzeptanz müssen berücksichtigt werden. In Vergütungsfragen für diese nachgelagerten Nutzungen könnte auch den Verwertungsgesellschaften eine besondere Rolle zukommen, soweit deren Leistungspotential eine Affinität zu den neuen Diensten ausweist.

Für Fragen des Rechtemanagements (insbesondere Copyright Control, Copyright Protection) stehen noch Lösungen aus, hier sind Digital Rights Management Systems (DRMS) angedacht. Keinesfalls ist es jedoch geboten, mit diesen Systemen die Forderung nach einer Verschlüsselung bislang unverschlüsselt verbreiteter Inhalte zu verknüpfen.

Dr. Englert:
Ich würde gern den Fokus ein kleines bisschen weg vom Fernsehen per se setzen, und es von einer anderen Seite betrachten. Das Thema Digitalität und neue Medien haben mit meiner Herkunft zu tun; die Kirch Intermedia ist in der ProSieben Sat.1 Media AG für alle neuen Medien zuständig und ich will hier vier für uns wichtige ordnungs- und wirtschaftspolitische Aspekte betrachten. Sie können es jeweils in den Folien mitverfolgen.

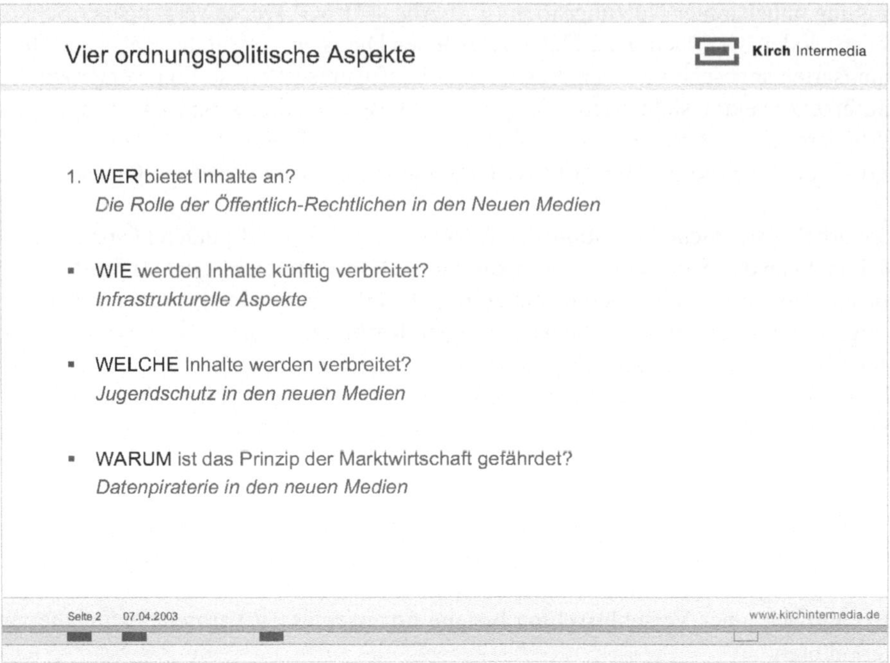

Vier ordnungspolitische Aspekte   **Kirch** Intermedia

1. WER bietet Inhalte an?
   Die Rolle der Öffentlich-Rechtlichen in den Neuen Medien

- WIE werden Inhalte künftig verbreitet?
  Infrastrukturelle Aspekte

- WELCHE Inhalte werden verbreitet?
  Jugendschutz in den neuen Medien

- WARUM ist das Prinzip der Marktwirtschaft gefährdet?
  Datenpiraterie in den neuen Medien

Seite 2   07.04.2003   www.kirchintermedia.de

Bild 1

Die vier Aspekte (Bild 1), die wir diskutieren wollen, beginnen alle mit einem W. Frage eins: Wer bietet eigentlich Inhalte an? Da ist die klare Frage nach der Rolle der öffentlich-rechtlichen in den neuen Medien. Die Frage ist klar. Die Antwort ist noch lange nicht klar. Wir werden gleich darauf eingehen, wie diese Rolle auszusehen hat.

Nächste Frage: Wie werden Inhalte künftig verbreitet? Also die Frage nach infrastrukturellen Aspekten, Kabelausbau, Kabelnetze. Welche Inhalte werden verbreitet? Hier der Punkt Jugendschutz in den neuen Medien. Was bedeutet Jugendschutz? Kann man Regularien aus den alten Medien in die neuen Medien so übertragen oder was muss geändert werden?

Zum Schluss das Thema Datenpiraterie: Warum ist das Prinzip der Marktwirtschaft durch die Datenpiraterie, die wir heute alle kennen im Bereich der Audiomedien, und die in den Videomedien sicherlich noch wesentlich stärker werden wird und heute teilweise auch schon ist, gefährdet Was kann man da tun?

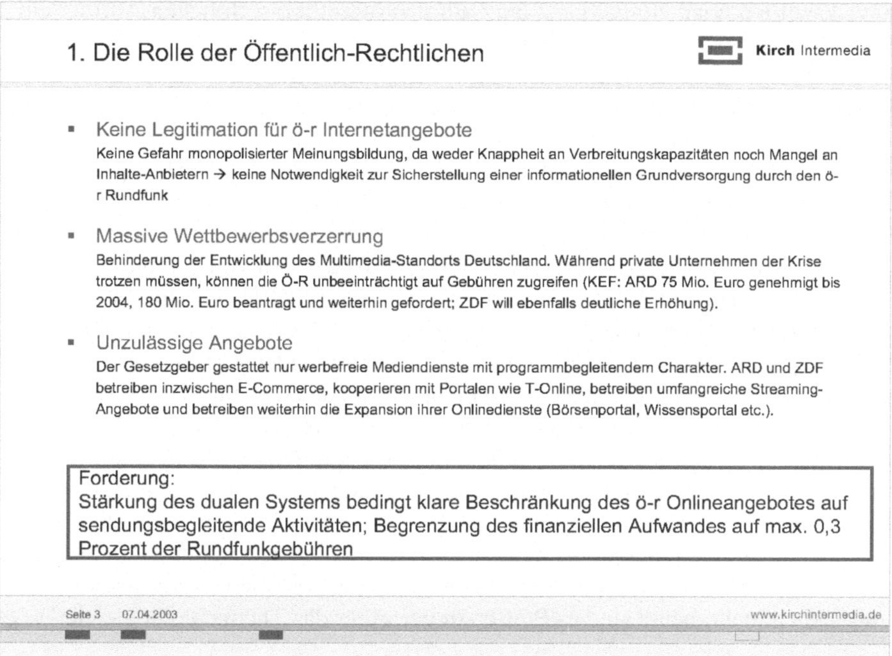

Bild 2

Thema 1: Die Rolle der öffentlich-rechtlichen in den neuen Medien mit Fokus hier auf die Internetaktivitäten der neuen Medien (Bild 2). Ich würde auch gern noch auf die eben angesprochene Public Private Partnership eingehen, denn die Dinge, die hier gerade als positiv gepriesen wurden, würde ich in diesem Fall eher als sehr negativ sehen.

Prof. Zerdick:
Darf ich einen Zwischenruf machen? Ich glaube, da war nicht die Zusammenarbeit mit Ihnen gemeint, sondern die mit Bosch.

Prof. Eberle:
Nein, nein. Da war durchaus auch die Zusammenarbeit mit Kirch Media gemeint.

Dr. Englert:
Das Schlimmste, was Sie gesagt haben, war, und das kann ich gleich vorweg nehmen, Brand und Content kommt von den öffentlich-rechtlichen, finanziert wird es von den privaten. Das ist aus meiner Sicht eigentlich eine klassische Definition eines Sponsoring. Dabei haben wir vorher schon gehört, dass Sponsoring in den öffentlich-rechtlichen eigentlich nichts zu suchen hat.

Vorerst will ich noch einmal ganz kurz auf den öffentlich-rechtlichen Auftrag eingehen. Wir von der privaten Seite kommend sehen den Anspruch, sich hinter eine Grundversorgung zu stellen und zu sagen: Deswegen können wir sozusagen im Internet machen was wir wollen, weil wir es tun müssen, natürlich nicht gegeben, denn im Internet gibt es keine monopolisierte Meinungsbildung. Das Internet ist offen. Es gibt 50 Nachrichtenseiten. Es ist also kein Bedarf da, einem öffentlich-rechtlichen Grundversorgungsauftrag nachzukommen und deswegen das Thema Internet immer weiter voranzutreiben. Weiter voranzutreiben heißt bei der ARD: 180 Millionen Euro beantragt zu haben für einen Zeitraum von 3 Jahren, 75 Millionen Euro finanziert bekommen zu haben von der KEF, d.h. im Jahr stehen 25 Millionen für öffentlich-rechtliche, in diesem Fall ARD, Online-Aktivitäten zur Verfügung, was wir als auf dem privaten Sektor kämpfender Anbieter von Internetdiensten oder Internetinhalten natürlich nicht nur mit einem weinenden, sondern mit zwei sehr stark weinenden Augen sehen. Es kann nicht sein, dass die öffentlich-rechtlichen unbeeinträchtigt auf Gebühren zurückgreifen, um unter dem Deckmantel der informationellen Grundversorgung hier eine massive Wettbewerbsverzerrung zu vollziehen. Das gleiche gilt für das Thema „Unzulässige Angebote", also das Thema eCommerce-Vermengung mit Inhalten. Das berühmte Beispiel sind die Pfefferstreuer oder die Bratpfannen von Herrn Bioleck. Inzwischen sind es keine Bratpfannen mehr, heute sind es Pfefferstreuer. Aber das Thema bleibt gleich.

Was fordern wir? Wir fordern das duale System. Es macht aber nur da Sinn, wenn wir eine klare Beschränkung des öffentlich-rechtlichen Online-Angebotes auf sendungsbegleitende Aktivitäten definieren. Sie werden sagen, dass es das heute schon gibt. Heute heißt es aber nur, überwiegend programmbegleitend. Was überwiegend ist, wird dem geneigten Nutzer überlassen, ob es fünfmal, siebenmal oder gar nur viermal ist. Wir wollen eine Begrenzung des finanziellen Aufwands auf maximal 0,3 % der Rundfunkgebühren, um mit den Rundfunkgebühren mit zu wachsen, aber um die Wettbewerbsverzerrung, wie sie heute schon existiert, nicht noch weiter voran zu treiben.

T-Online ist für mich eigentlich ein klassisches Beispiel von Sponsoring in einer Nachrichtensendung – alles, was wir eigentlich nicht wollen in dieser Informationswelt, sehen wir hier an einem lehrbuchmäßigen Beispiel realisiert.

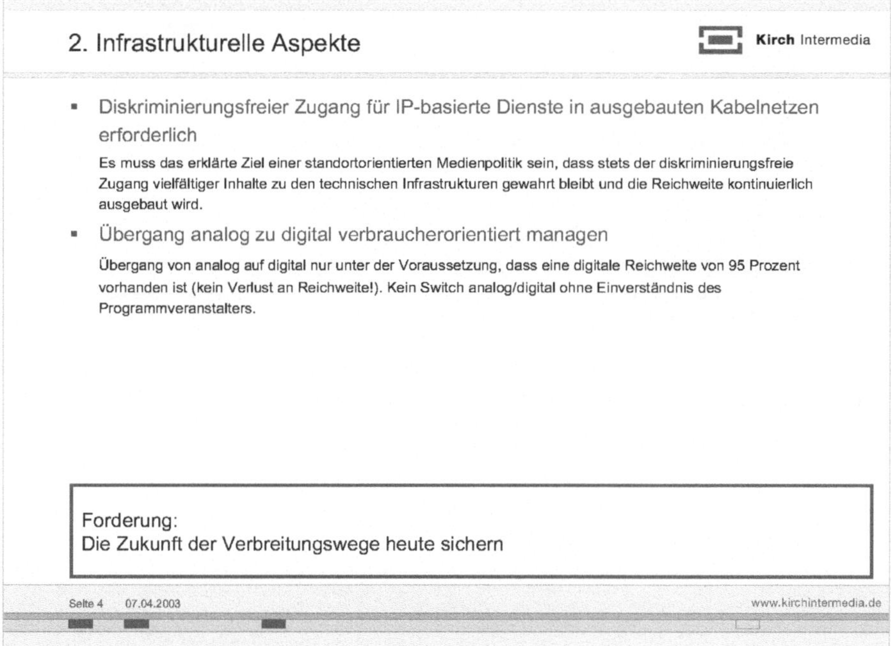

Bild 3

Thema 2: Infrastrukturelle Aspekte (Bild 3). Für uns ist hier wichtig, dass wir in beispielsweise ausgebauten Kabelnetzen absolut diskriminierungsfreien Zugang finden; also der diskriminierungsfreie Zugang für IT-basierte Dienste oder für neue Mediendienste. Der erscheint uns hier sehr wichtig, genauso wie der Übergang von analog zu digital. Es kann natürlich keine akademische Übung sein, sondern es macht nur dann Sinn, wenn ein Reichweitenverlust im kleinen einstelligen Prozentbereich realisierbar ist.

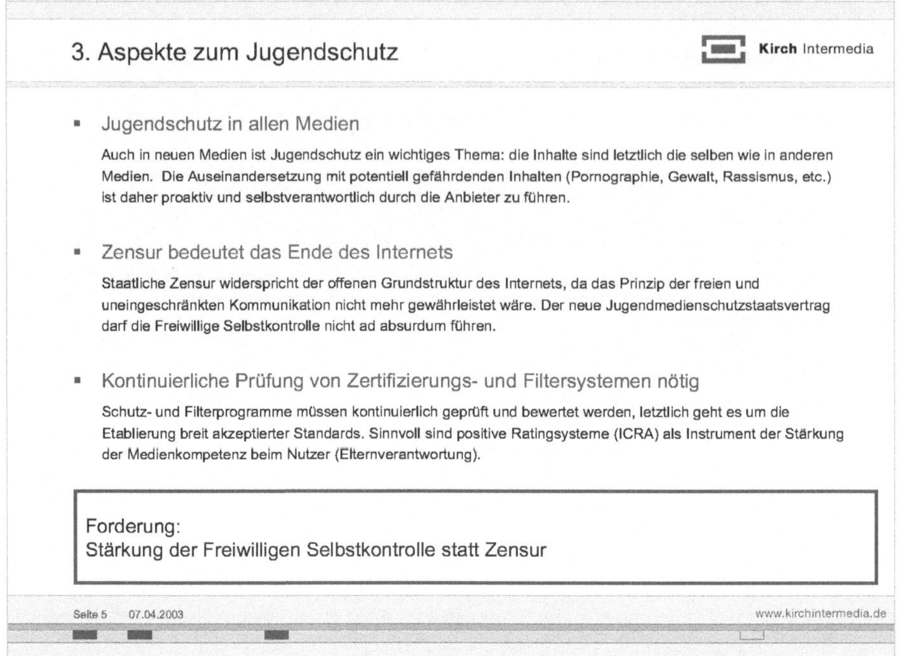

Bild 4

Aspekte zum Jugendschutz (Bild 4): Natürlich muss Jugendschutz auch in den neuen Medien gelten. Das ist ein sehr wichtiges Thema, denn gerade im Internet ist es sehr einfach, auf potenziell gefährdende Inhalte, wie Pornographie, Gewalt oder Extremismus zuzugreifen. Wir sehen, dass wir dieses Thema proaktiv angehen müssen. Wir sehen aber auch, dass wir es selbstverantwortlich angehen müssen. Wir wollen keine Zensur. Wir wollen nicht ein Überstülpen von alten Modellen, von Modellen der alten Medien auf die neuen Medien. Eine Zensur des Internets würde dem Grundgedanken des Internets um 180 Grad, also diametral, entgegen wirken. Wir sehen eine Prüfung von Zertifizierungs- und Filtersystemen, die dann auch schnell und flächendeckend eingeführt werden sollen. Hier sind positive Ratingsysteme wie z.B. das ICRA-System zu realisieren als Instrument der Stärkung der Medienkompetenz beim Nutzer. Wir sprechen hier tatsächlich von der Verantwortung des Nutzers, von der Elternverantwortung als sehr wichtigem Ansatz.

Fazit: Stärkung der freiwilligen Selbstkontrolle statt Einführung von Zensur und Überstülpen von alten Regularien.

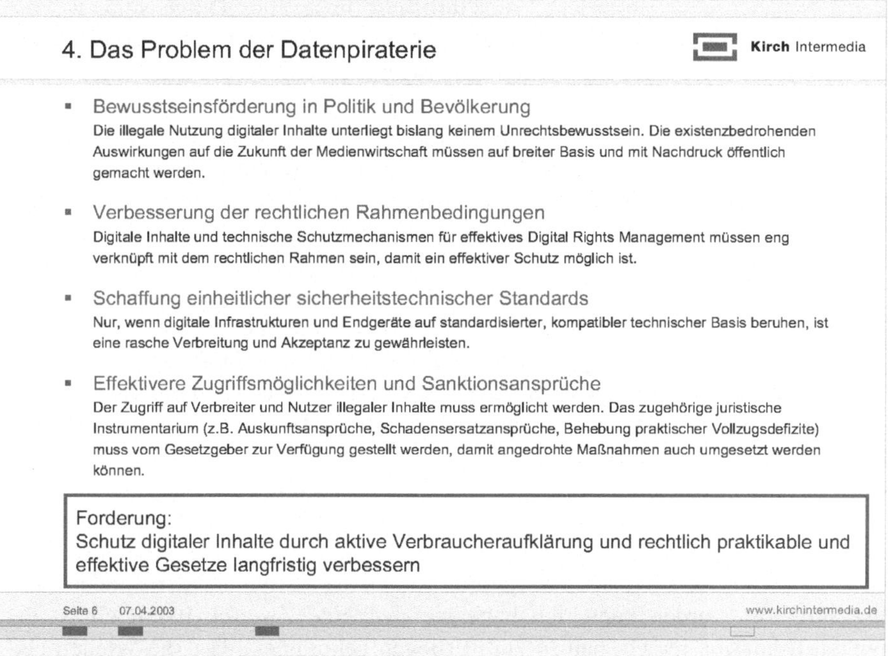

Bild 5

Der letzte Punkt: Datenpiraterie (Bild 5). Da sind wir alle, aber auch die Politik aufgefordert, dieses Thema einmal aus der Ecke des Kavaliersdelikts heraus zu bringen und tatsächlich festzustellen und auch zu proklamieren, dass Datenpiraterie, also die illegale Nutzung digitaler Inhalte, kein Kavaliersdelikt, sondern tatsächlich illegal und ungerecht ist. Wir müssen hier massiv in eine Bewusstseinsförderung eintreten und dies auch mit allen Möglichkeiten seitens der Politik und seitens der Anbieter proklamieren.

Die Verbesserung der rechtlichen Rahmenbedingungen ist für uns auch sehr wichtig. Es müssen die technischen Schutzmechanismen für effektives DRM als Digital Rights Management mit dem rechtlichen Rahmen abgestimmt sein, und nur gemeinsam kann ein effektiver Schutz möglich sein. Wir glauben nicht, dass wir durch Regularien allein das Thema lösen können. Wir werden es auch nicht allein durch technische Rahmenbedingungen oder durch intelligente DRM-Maßnahmen lösen. Dazu erscheint uns erforderlich, einheitliche sicherheitstechnische Standards zu definieren über die ganze Wertschöpfungskette hinweg. Es geht also darum, tatsächlich Schnittstellen zu definieren, Prozesse zu definieren und Standards zu etablieren und zu versuchen, dieses Thema in den Griff zu bekommen.

Effektive Zugriffsmöglichkeiten und Sanktionsansprüche: Hier sehen wir heute auch noch große Lücken, weil z.B. die Behebung praktischer Vollzugsdefizite, das

Thema Schadensersatzansprüche, Auskunftsansprüche alles Dinge sind, wo die Politik oder der Gesetzgeber aufgerufen sind, das Thema weiter zu verfeinern, um dies für uns immer größer werdende Problem anzugehen.

Als Fazit: Der Schutz digitaler Inhalte, a) durch aktive Verbraucheraufklärung und b) durch rechtlich praktikable und effektive Gesetze langfristig verbessern, erscheint uns für die Zukunft als eines der Kernthemen in der digitalen Umwelt und im digitalen Umfeld. Vielen Dank.

Prof. Hoeren:
Zunächst möchte ich auf den Beitrag von Herrn Cronenberg eingehen. Es sei hierzu zu bemerken, dass ich das Engagement der Bundesregierung für die Signaturdiskussion sehr schätze. In der Tat ist im Bereich der öffentlichen Verwaltung und des E-Government sehr viel für die Signatur getan worden. Trotzdem drängt sich mir der Eindruck auf, dass der qualifizierten Signatur eine Massenverbreitung fehlt. Man könnte hier den Test im Saal machen, der wahrscheinlich sehr negativ ausliefe. Kaum jemand in diesem Raum verfügt über eine Signaturkarte. Dies gilt als gesellschaftliches Symptom, da sich die qualifizierte Signatur kaum einer breiten Beliebtheit erfreut. Die Frage ist, ob diese Ignoranz durch die Aktivitäten der Bundesregierung aufgelöst werden kann. Ich habe hieran meine Zweifel. Eventuell ist die Signaturdiskussion inzwischen so zum Erliegen gekommen, dass die Wiederbelebungsversuche wenig fruchten. Ich würde mir dies nicht wünschen, da mir sehr viel an einer Diskussion in diesem Bereich liegt. Ohne die qualifizierte Signatur ist der Beweiswert elektronischer Dokumente letztendlich nicht juristisch zu sichern und damit droht auch dem elektronischen Handel der juristische Tod.

Zu Herrn Kollegen Eberle sei vermerkt, dass in der Tat die Diskussion über die unbekannten Nutzungsarten prospektiv weiterverfolgt werden muss. Der Bundesgerichtshof hat in seiner Entscheidung „Pressespiegel" darauf hingewiesen, dass Vergütungsansprüche über Verwertungsgesellschaften für den Urheber unter Umständen sinnvoller seien als Verbotsansprüche. Dieser Anregung gilt es nachzugehen. Es bringt auch für den Urheber nicht so viel, Verbotsansprüche durch § 31 Abs. 4 UrhG wahrnehmen zu können, wenn dies letztendlich darauf hinausläuft, dass streitgegenständliche Materialien einfach nicht mehr genutzt werden. Ich verweise in diesem Zusammenhang auf die amerikanische Entscheidung Tasini ./. New York Times, die jüngst vom Supreme Court entschieden worden ist. Tasini bekam zwar in Sachen unbekannter Nutzungsarten Recht, musste aber hinnehmen, dass seine Materialien aus den streitgegenständlichen Produkten der New York Times gestrichen und damit Verwertungsaussichten topediert worden sind. Unter Umständen lässt sich hieraus die in der Tat vom ZDF erstellte popagierte Forderung der Reform des § 31 Abs. 4 UrhG nachvollziehen. Es kann dann allerdings nicht so sein, dass die an die Stelle des Verbotsrechts tretende Vergütung mit der „angemessenen Vergütung" im Sinne des § 32 UrhG identisch ist. Insofern ist es eine Milchmädchenrechnung, wenn das ZDF nunmehr § 31 Abs. 4 und den Anspruch auf angemessene Vergütung miteinander vermengen will. Es wird vielmehr darauf zu drängen sein, dass nach französischem Vorbild ein separater Vergütungsanspruch für neue Nutzungsarten ins Leben gerufen wird, der sich bislang nicht im Urheberrechtsgesetz findet.

Schließlich ein kurzes Wort zur derzeitigen DRM-Diskussion: Die Diskussion ist vielschichtig und hochgradig problematisch. Ich möchte mich an dieser Stelle dahin zur Wehr setzen, als Vertreter einer einseitig verstandenen Informationsfreiheit instrumentalisiert zu werden. Mir geht es bei der Diskussion um technische Schutzmaßnahmen darum, zunächst einmal den Grundsatz einer praktischen Konkordanz von Urheber-, Verwerter- und Nutzerinteressen in den Vordergrund zu rücken. Gefragt ist nach der Informationsgerechtigkeit, d. h. nach einer verfassungsrechtlich abgesicherten und gesellschaftspolitisch sinnvollen Abgrenzung der Rechte und Schutzinteressen der genannten Beteiligten. Dabei hat die Informationsfreiheit politisch keinen Vorrang. Zu bedenken ist allerdings, dass sie historisch auf den Gedanken der Informationsfreiheit abstellen können.

Am Anfang stand das freie Wort, bis zu Beginn der Neuzeit. Erst durch die Erfindung des Buchdrucks und die darauf folgende signaturrechtliche Diskussion um ein geistiges Eigentum kam es zu der Frage, ob man nicht Ausschließlichkeitsrechte an Werken gesetzlich verankern müsse. Das Urheberrecht ist damit historisch eine Ausnahmeerscheinung gegenüber dem Grundsatz der allgemeinen Informationsfreiheit. Von dieser historischen Betrachtung abzugrenzen ist die Frage, ob nicht heutzutage die Balance zwischen Informationsfreiheit und Schutz des Urhebers und Verwerters anders interpretiert werden müsse. Es gilt hier der Grundgedanke des Bundesverfassungsgerichts, wonach alle schutzwürdigen Interessen zu einer möglichst optimalen Konkordanz und Entfaltung zu bringen sind.

Damit ist jedoch ein Ende mit der vordergründigen Auffassung, dass primär der Schutz des Urhebers im Vordergrund stehen müsse. Vielmehr stehen erst einmal die Interessen aller Beteiligten gleichrangig im Vordergrund. Schranken sind damit auch keine Ausnahmen, sondern im Lichte der Verfassung auszulegen, wie letztendlich auch der Bundesgerichtshof in der Pressespiegel-Entscheidung deutlich dokumentiert hat. Wie diese schwierige verfassungsrechtliche Balance bei der derzeitigen DRM-Diskussion nachzuvollziehen ist, bleibt ungewiss. Mir sind jedoch Ansichten zuwider, die hier einseitig auf Schutzinteressen einer der beteiligten Seiten abstellen. Im Übrigen ist zu betonen, dass die genaue wirtschaftliche Justierung in der derzeitigen DRM-Diskussion daran leidet, dass eine ökonomische Feinanalyse der verschiedenen, derzeit diskutierten Modelle fehlt. Es rächt sich in diesem Zusammenhang auch, dass die Diskussion unter enormem Zeitdruck geführt wird, der eigentlich unnötig ist. Wieder einmal versucht die deutsche Bundesregierung „Musterschüler" bei der Umsetzung einer Richtlinie zu spielen, was völlig überflüssig ist. Man sollte eher versuchen, in einer breit angelegten gesellschaftspolitischen Diskussion die Interessen der Beteiligten auszuloten und im engen Kontakt

mit der Wissenschaft verschiedene Umsetzungsmodelle anzudenken. Doch wieder
einmal versagt hierbei die Politik und der Lobbyismus, der ohnehin kaum Interesse
daran hat, dogmatisch fundierte Ergebnisse zu unterstützen.

Dr. Junginger:
Verzeihen Sie mir, dass ich zunächst ein paar Worte über Sony sage, aber er-
schrecken Sie nicht.

Prof. Zerdick:
Wir können wohl davon ausgehen, dass einige von uns die Marke kennen.

Dr. Junginger:
Ich stimme Ihnen zu, dass Sony eine erfreuliche Markenbekanntheit genießt. Viele
von Ihnen denken bestimmt aber in erster Linie an die allgegenwärtigen Consumer
Electronics Produkte aus unserem Hause und Ihnen mag vielleicht nicht bewusst
sein wie vielfältig die Aktivitäten sind, die unser Konzern verfolgt. Wenn man die
audiovisuelle Wertschöpfungskette betrachtet, sind wir das einzige Unternehmen,
das Aktivitäten in nahezu (Ausnahme: Operator) allen Bereichen verfolgt. Um Ihnen
einen Einblick auch über den Consumer Electronics Bereich von Sony hinaus zu
bieten, lassen Sie mich diese Gelegenheit nutzen, Ihnen einleitend einen Überblick
über die vielfältigen Aktivitäten von Sony zu geben (Bild 1).

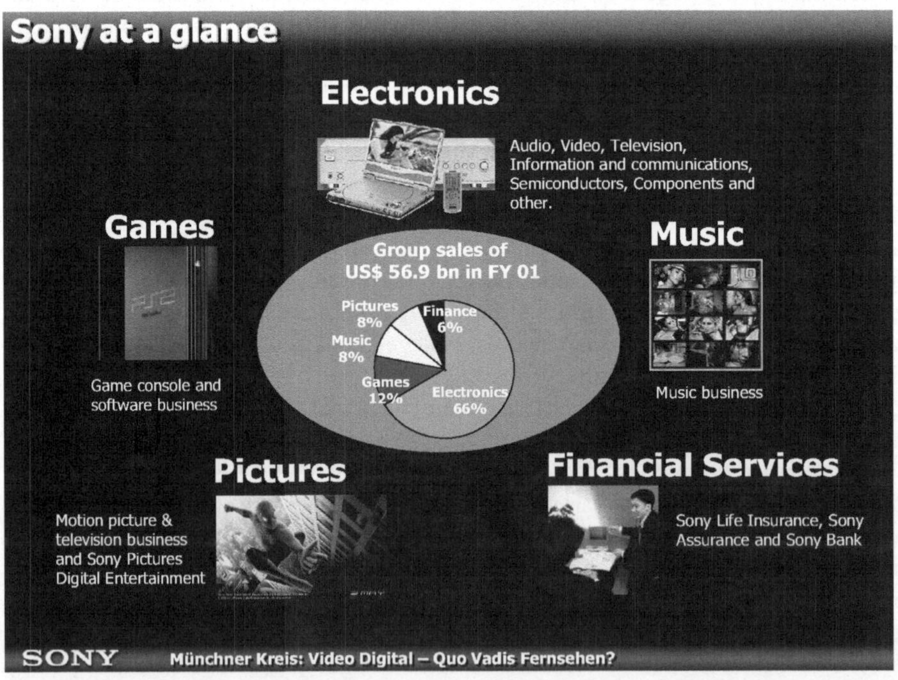

Bild 1

Wie einleitend erwähnt, macht der „Consumer Electronics" Bereich heutzutage immer noch den Großteil unseres Geschäftes aus. Sie kennen sicherlich unsere Produktpalette, die sich vom Walkman über Wega-Fernseher, DVD-Player, Digitalkameras bis hin zu Vaio-Laptops erstreckt.

Unser zweites großes Geschäftsfeld ist der „Game" Bereich, welcher im letzten Geschäftsjahr ungefähr 12% unseres Unsatzes ausmachte. Dabei handelt es sich um unsere Playstation 1 und Playstation 2 Spielekonsolen nebst der dazugehörigen Software. Um die Bedeutung dieses Bereiches zu veranschaulichen, möchte ich eine Zahl von heute morgen aufgreifen nach der heutzutage weltweit ungefähr 500 Millionen PC's in den Haushalten vorhanden sind. Im Vergleich dazu hat Sony bisher die beachtliche Zahl von weit über 100 Millionen Playstation Spielekonsolen verkauft, die ihren Platz in den Haushalten gefunden haben. Heutzutage gibt es mehr als 90 Millionen Playstation 1 und allein in den letzten 1,5 Jahren sind mehr als 40 Millionen Playstation 2 über den Ladentisch gegangen. Unsere Playstation 2 wird jetzt zudem internetfähig werden. Darüber, was dieses bedeuten kann, wurde überhaupt noch nicht diskutiert.

Über einen weiteren Geschäftsbereich von Sony – Sony Pictures Entertainment – werde ich später mehr reden. Dabei handelt es sich um unser Filmgeschäft mit in diesem Jahr weltweiten Erfolgen wie Spiderman, Man in Black 2, Stuart Little 2, etc. Zudem sind wir in der TV-Produktion engagiert. Beispielsweise produzieren wir in Deutschland – was nur wenigen bekannt sein dürfte – unter anderem für RTL bekannte TV-Formate wie „Nikola" und „Ritas Welt". Des weiteren ist Sony weltweit bei einigen Fernsehstationen engagiert – dieses allerdings mit Minderheitsbeteiligungen. In diesem Zusammenhang möchte ich auf eine Äußerung von Prof. Groebel eingehen welcher gesagt hat, dass die Formate alle lokal sind. Ich denke, dass man dieses nicht in allen Bereichen sagen kann. Wenn man beispielsweise den Filmmarkt betrachtet, kann man feststellen, dass Hollywoodproduktionen ungefähr einen Anteil von 80% am internationalen Filmmarkt besitzen. Dem internationalen Publikum gefallen diese US-Produktionen. Ob diese nun schön oder schlecht sind – darüber wollen wir hier aber nicht diskutieren.

Mit „Sony Music" verfügt Sony über ein weiteres Standbein im „Content"-Bereich. Sony Music gehört zu den fünf weltweit tätigen Music Majors. Wie seine Mitbewerber ist natürlich auch Sony Music mit den Herausforderungen konfrontiert, die im heutigen Internetzeitalter aus „File sharing" Technologien erwachsen.

Ein fünftes Geschäftsfeld von Sony sind „Financial Services". Dieses ist außerhalb Japans nahezu unbekannt. Unsere Aktivitäten in diesem Bereich umfassen neben Lebens- und Haftpflichtversicherungen, die wir in Japan anbieten auch Internetbanking und Micropayment Lösungen. In Bezug auf letztere haben wir beispielsweise eine eigene Wireless Card entwickelt mit der Sie schon in bestimmten Einkaufszentren und bei der East National Railway in Japan bezahlen können.

Wie stellt sich Sony nun die Zukunft vor?

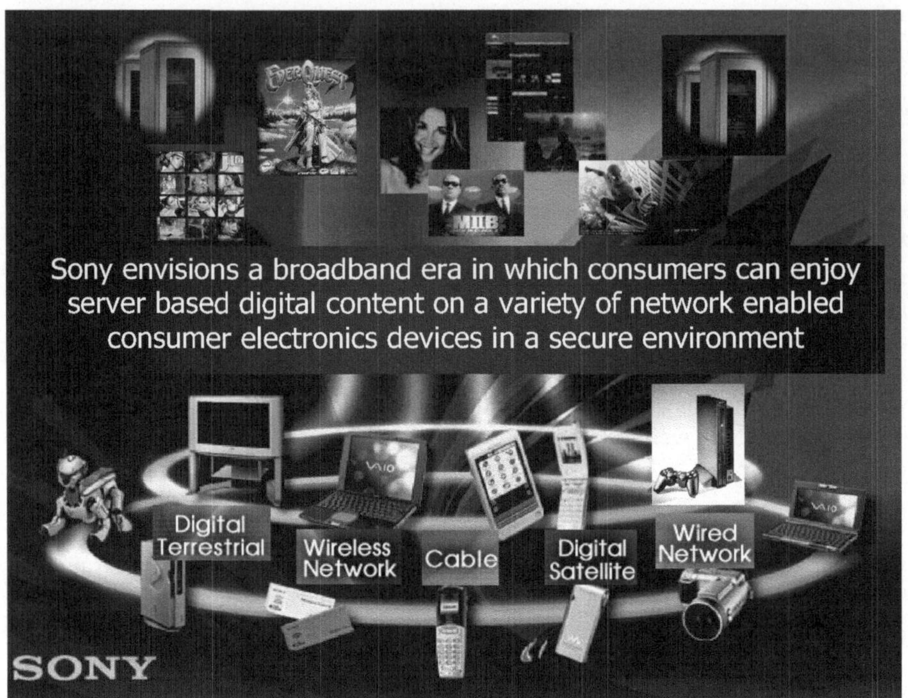

Bild 2

Wie anfangs erwähnt, betrachten wir uns als das einzige Unternehmen, welches
nahezu alle Aktivitäten der audiovisuellen Wertschöpfungskette zusammenbringen
kann (Bild 2). Dieses sowohl mit den sich daraus ergebenden Herausforderungen als
auch einzigartigen Chancen. Das gesamte Spannungsfeld, welches es zwischen
Content- und Hardwareanbietern gibt, finden wir natürlich im eigenen Hause
wieder, da die Interessen dieser Parteien durchaus unterschiedlich sind. Aber gerade
dadurch, dass wir uns kontinuierlich dieser Herausforderung stellen, sind wir der
Meinung, dass wir diese komplexe Thematik auch etwas besser verstehen.

Wir sind der Auffassung, dass in Zukunft digitaler Content dem Nutzer in den unterschiedlichsten Formaten und mittels multipler Zugriffsmöglichkeiten zur Verfügung
steht. Als „Gateways" zu diesem Content sind unterschiedliche Hardwaregeräte
möglich. In unserem Hause denken wir dabei insbesondere an digitale Fernseher,
Vaio Computer, Playstation-Konsolen und mobile Endgeräte (Mobiltelefone und
PDA's) über die ein Zugriff auf digitalen Content möglich sein wird – gleichzeitig
werden all diese Geräte untereinander vernetzbar sein. Beispielsweise haben wir
kürzlich einen NetCamcorder auf den Markt gebracht, mit dem man Bilder und

Filme direkt (ohne den Umweg eines PC's) über das Internet verschicken kann. Die Netzwerkfähigkeit wird dabei mittels eines in dem Camcorder integrierten Bluetooth-Chips ermöglicht, welcher in Kombination mit einem stationären Bluetooth-Modem oder einem Bluetooth-Mobiltelefon den direkten Austausch von Daten (Inhalten) erlaubt. Dieses sind erste Anfänge, die aber verdeutlichen wohin unserer Meinung nach die Entwicklung gehen wird.

Man kann sich sicherlich vorstellen, dass insbesondere für die Inhalteanbieter in solch einer Welt der miteinander vernetzten Hardwaregeräte und digitalen Inhalte effektive Digital Rights Management (DRM) Lösungen von herausragender Bedeutung sind.

Auch wenn man noch nicht so weit in die Zukunft schaut, kann einem schon heutzutage bewusst werden, dass man DRM nicht unterschätzen darf. Die Lehren aus der Musikindustrie sind signifikant und die nächsten Herausforderungen bei der audiovisuellen Verwertung sind imminent.

Am Beispiel der Filmeverwertung möchte ich nachfolgend die Bedeutung des Copyrights verdeutlichen. Die audiovisuelle Wertschöpfungskette in der Filmbranche ist durch eine sukzessive Vermarktung der Inhalte gekennzeichnet.

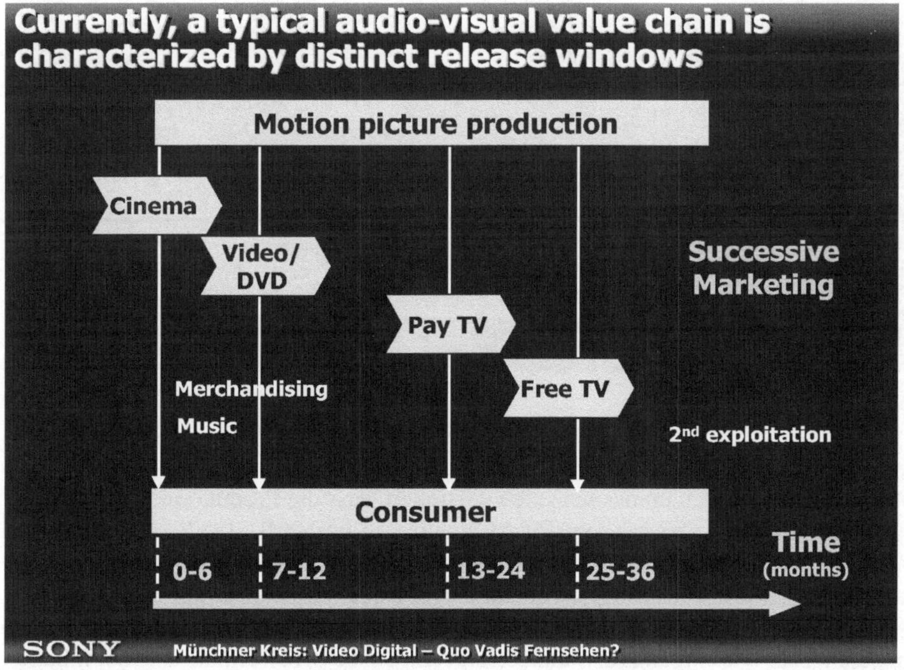

Bild 3

In einer räumlichen und zeitlichen Differenzierung der Distributionskanäle erfolgt die Verwertung von Filmrechten in einem mehrstufigen Prozess (Bild 3). So durchlaufen je nach inhaltlicher Qualität Filme in der Regel nacheinander die Stufen Kino, Video/DVD-Verleih/Handel, Pay-TV, sowie Free-TV. Zusätzlich gibt es noch sekundäre Verwertungsmöglichkeiten wie etwa Zweitausstrahlungen im TV oder aber auch Merchandising und die Verwertung der Filmmusik (Bei „Titanic" war z.B. der Titanic Soundtrack fast genauso erfolgreich wie der Titanic Film und hat genauso viel eingespielt).

Wie sieht die Wertschöpfung in solch einer typischen audiovisuellen Verwertungskette aus?

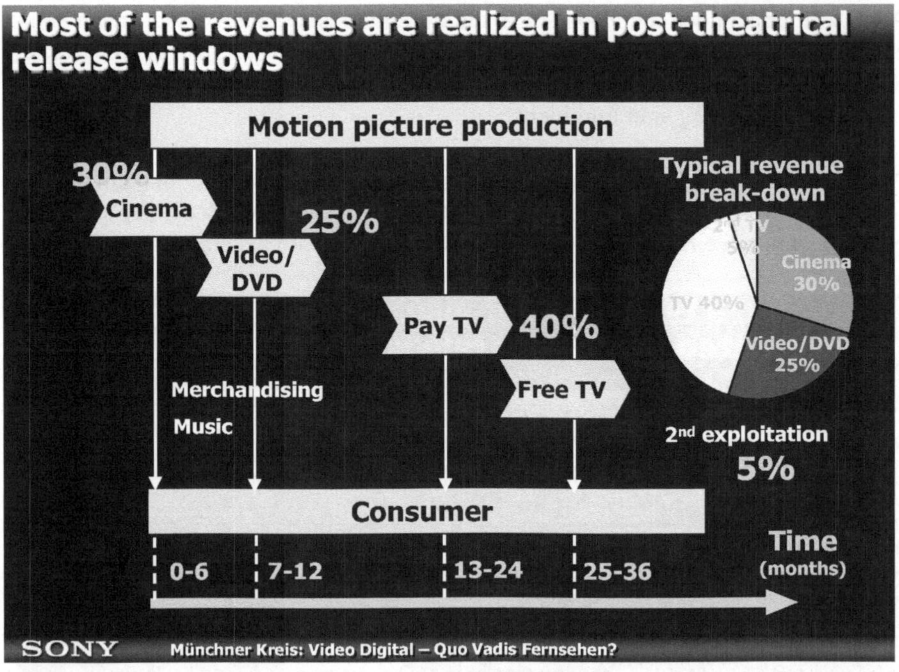

Bild 4

Auf der Ausgabenseite muss man sich vorstellen, dass die Produktion eines großen Hollywoodfilmes heutzutage etwa 50 Millionen US$ kostet (Bild 4). Zudem kommen noch einmal Marketingkosten in der gleichen Größenordnung hinzu. Auf der Erlösseite sind die weltweiten Einspieleinnahmen folgendermaßen strukturiert: 30% Kino, +25% Video/DVD, 40% TV (Free- und Pay-TV) und sekundäre Nachverwertung mit ungefähr 5%. Wie eingangs erwähnt, erfolgt eine sukzessive Vermarktung der Inhalte in einer zeitlichen und räumlichen Differenzierung der Distributionskanäle, um eine aus ökonomischen Gesichtspunkten optimale Verwertung zu erzielen.

Was passiert nun im Zuge der zunehmenden Digitalisierung von Inhalten und der breitbandigen Aufrüstung der Kommunikationsnetze?

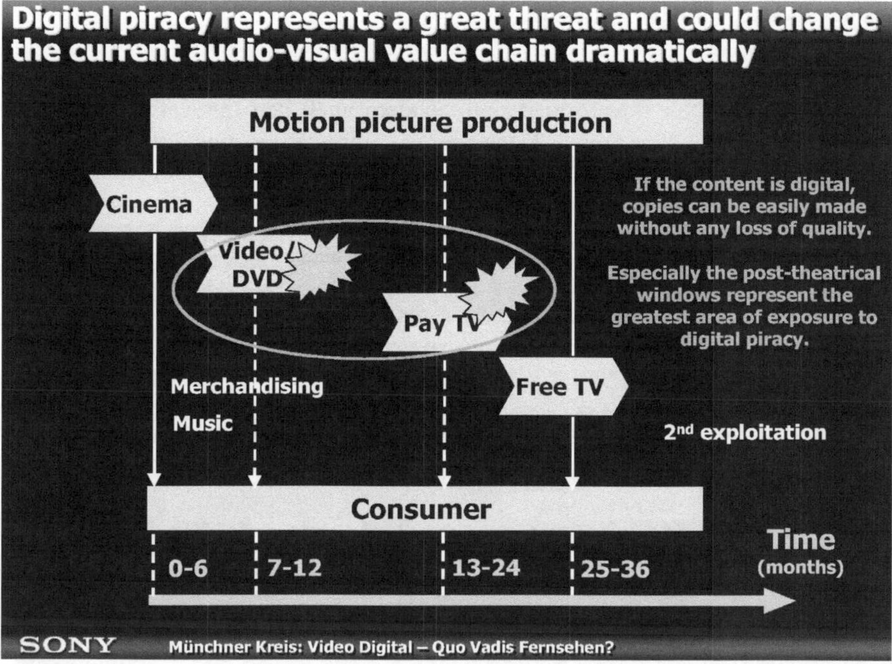

Bild 5

Das Kopieren von digitalen Inhalten ist im Gegensatz zu analog verteilten Inhalten ohne nennenswerten Mehraufwand qualitätsverlustfrei möglich (Bild 5). Zudem bieten sich effektive und kostengünstige Verteilungsmöglichkeiten über das Internet. Im Hinblick auf die unterschiedlichen audiovisuellen Verwertungsstufen wird dabei durch Peer-to-Peer Systeme und Napsterisierung vielleicht nicht so sehr die erste Verwertungsstufe (Kino) bedroht sein. Die nachfolgenden Verwertungsstufen stehen jedoch in der Gefahr einer deutlichen Beeinflussung. Es kann hinterfragt werden in welchem Maße sich Konsumenten noch DVD's/Video's kaufen werden oder Pay-TV Programme abonnieren, wenn die gleichen Inhalte illegal aber kostenlos aus dem Internet heruntergeladen werden können? TV-Anbieter genießen zwar noch den Vorteil, dass sie die einzelnen Filme in Programme verpacken aber insgesamt kann man schlussfolgern, dass es einen großen Einfluss auf die gegenwärtige audiovisuelle Verwertungskette geben wird. Dieses impliziert, dass die Geschäftsmodelle, die heutzutage vorherrschen gestört werden.

Vor diesem Hintergrund sind wir der Auffassung, dass effektive Digital Rights Management Systeme, welche in der Lage sind eine illegale Verwertung über internetbasierte Peer-to-Peer Systeme zu unterbinden, von besonderer Bedeutung sind. Dabei bedarf eine effektive Unterbindung des unautorisierten Kopierens von copyrightgeschützten Werken innovativer Kopierschutzmechanismen sowohl bei den Inhalten als auch auf Hardwareseite.

Auf der gleichen Seite sollte die Medienindustrie natürlich nicht nur gegen neue Technologien und Nutzungsformen sein, sondern auch den Innovationsdruck als Chance betrachten, um dem Konsumenten innovative und nutzergerechte Geschäftsmodelle zu offerieren.

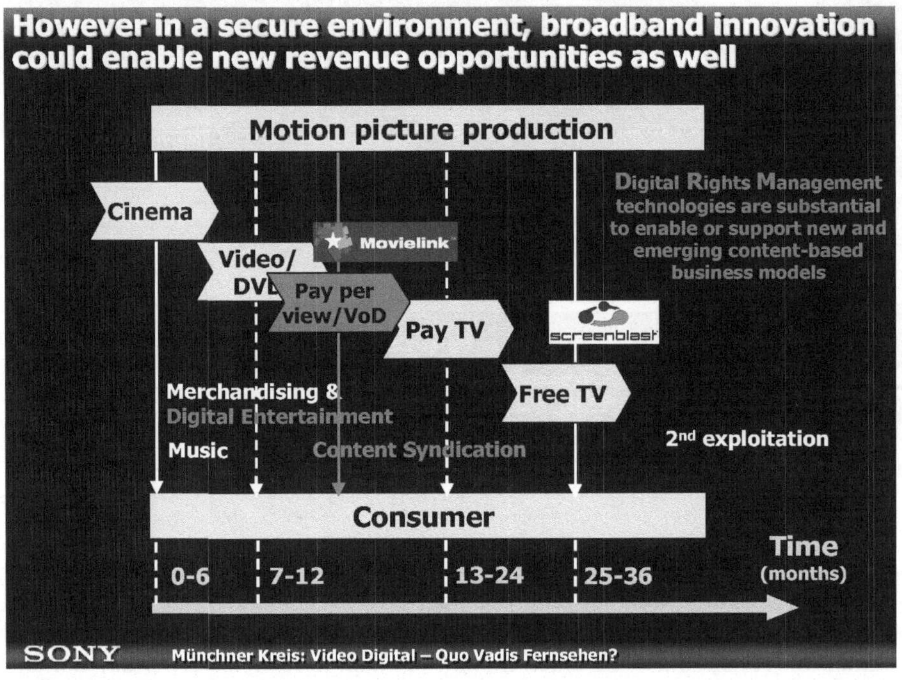

Bild 6

Ein Beispiel dafür können Video-on-demand Angebote sein (Bild 6). Movielink – ich sagte dieses schon heute morgen- ist ein erstes konkretes Modell, welches neben Sony Pictures Entertainment von vier weiteren großen Hollwoodstudios unterstützt wird. Dieser Video-on-demand Dienst (zur Zeit nur in den USA angeboten) ermöglicht es dem Konsumenten, auf eine Filmbibliothek von gegenwärtig etwa 300 Filmen zuzugreifen. Diese stehen dem Nutzer in einer sicheren Umgebung gegen Entgelt als Download zur Verfügung. Natürlich gibt es einige Randbedingungen: Der Download steht dem Nutzer 30 Tage zur Verfügung innerhalb dieser sich der Konsument den Film anschauen kann; nach Öffnung der Datei hat der Nutzer aber nach 24 Stunden keinen Zugriff mehr auf diese Datei. Dieses sind erste

Ansätze, die gegenwärtig ausprobiert werden, um die Akzeptanz innovativer Vertriebsmöglichkeiten beim Kunden zu testen und neue Geschäftsmodelle zu evaluieren.

Die Bedeutung effektiver DRM Lösungen und den Nachdruck mit dem Sony und andere betroffene Unternehmen diese verfolgen, lässt sich an einem weiteren sehr aktuellen Beispiel aus unserem Unternehmensumfeld verdeutlichen. Vor einer Woche haben wir eine Pressemitteilung herausgegeben, dass Sony zusammen mit Philips und Finanzinvestoren die amerikanische Technologiefirma „Intertrust" erworben hat. Dieses Unternehmen besitzt wesentliche Rechte an innovativsten DRM Systemen. Der Kaufpreis betrug immerhin 453 Millionen US$. Hiermit möchte ich an dieser Stelle noch einmal verdeutlichen, für wie wichtig die Industrie DRM Lösungen hält.

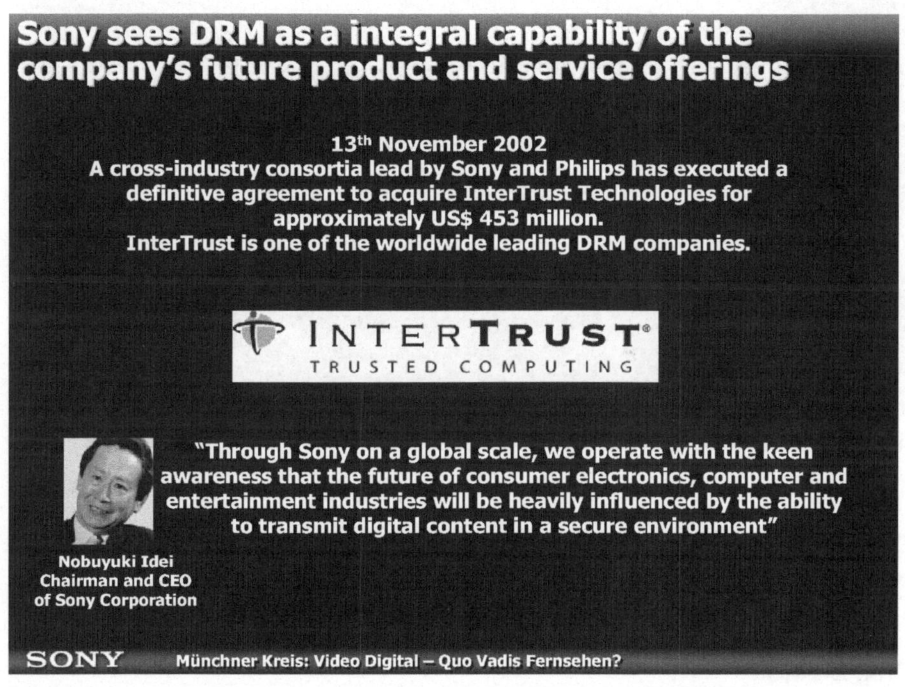

Bild 7

Nächste Schritte beinhalten DRM Lösungen übergreifend zu standardisieren (Bild 7). Dieses wird sicherlich mit großen Anstrengungen verbunden sein, aber es sollte sich erschließen, dass die gegenwärtigen proprietären Systeme nicht der Weisheit letzter Schluss sind.

Natürlich ergeben sich auch Handlungsempfehlungen an die Politik, einen vernünftigen ordnungspolitischen Rahmen für Copyright und DRM Lösungen zu schaffen (Bild 8). In dem gleichen Maße, wie technologische Innovationen nicht behindert werden dürfen muss sichergestellt werden, dass auch in Zukunft die Erschaffung von Inhalten und ihre Verwertung wertschöpfend betrieben werden kann.

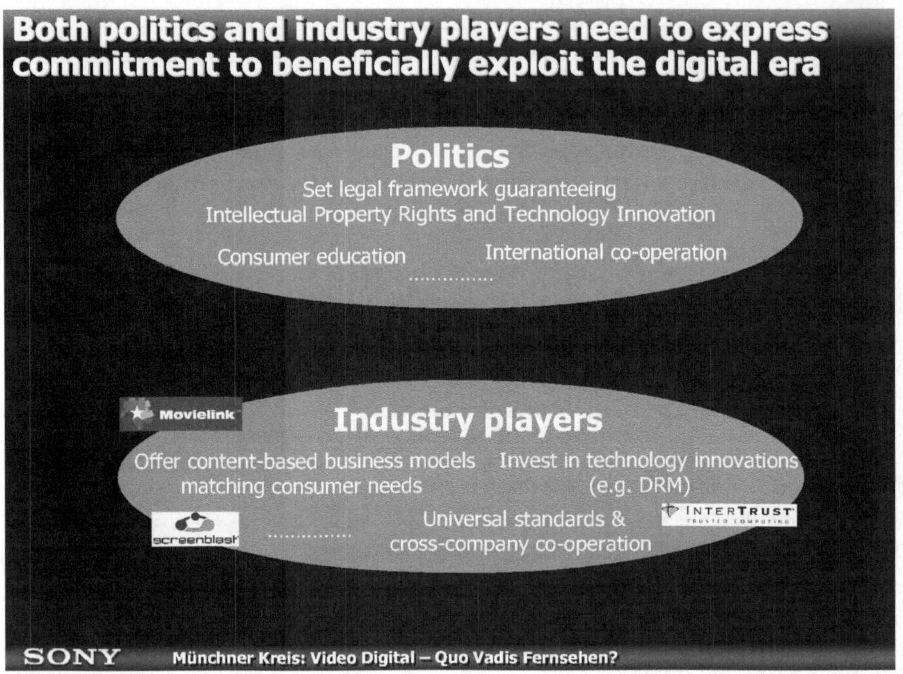

Bild 8

Das letzte Wort hat aber wie so oft der Konsument. Unseren Unternehmen muss es somit weiterhin gelingen auch in diesem herausfordernden Umfeld attraktive Geschäftsmodelle zu finden, die der Konsument auch annimmt.

Prof. Zerdick:
Herzlichen Dank. Ich schlage vor, dass Herr Cronenberg zunächst die Anforderungen, die an ihn jetzt zusätzlich gestellt worden sind, versucht kurz zu beantworten. Wir reden dann durchaus in kleineren Blöcken.

Herr Cronenberg:
Ich mache es ganz kurz. Digitale Signatur: Wir halten an der digitalen Signatur fest? Im Gegenteil. Wir gründen ein Bündnis für die einzelnen digitalen Signaturen mit der Wirtschaft, um der digitalen Signatur zum Durchbruch zu verhelfen. Wir denken nicht, dass das ein Holzweg ist. Es gibt auch Beispiele für eine Todgeburt. Dass es

keine Todgeburt ist, sehen Sie beispielsweise darin, dass es etwa im Bereich des Mahnwesens, das heutzutage weitgehend eingeführt und mit dem gearbeitet wird. Gerade die Authentifizierung ist eine große Herausforderung bei allen digitalen Geschäften und deswegen sind wir der Überzeugung, dass die digitale Signatur angeboten werden muss. Ich habe auch schon die staatlichen Instrumente wie ID-Card und Shop-Karte genannt, die alle mit digitaler Signatur arbeiten werden. Insofern sehe ich es nicht als Todgeburt an. Ob die Wirtschaft im Bereich B2B davon Gebrauch macht, ist eine ganz andere Frage. Wenn dort kein Bedürfnis dafür besteht, es gibt keinen Zwang, die digitale Signatur zu benutzten. Es gibt inzwischen auch das Rechtsinstitut der Schriftform. Es sind Erleichterungen geschaffen. Wir halten eine skalierte Anwendung dieser Dinge für richtig, und die Parteien sollen es möglichst selber entscheiden. Aber in weiten Bereichen werden wir nach unserer Auffassung ohne die digitale Signatur nicht auskommen.

Einen Satz will ich noch zum Jugendschutz sagen, um das auch als Beispiel zu nennen. Wir als Wirtschaftsministerium sind daran interessiert, Anliegen der Wirtschaft an die Gesetzgebung des Bundes aufzugreifen. Dafür ist die Neuregelung des Jugendschutzes ein Beispiel. Wir hatten zum Teil den Eindruck, dass die vergleichbare Regelung im Jugendschutz für Fernsehen und die Dienste Probleme aufwirft. Wir haben mit den Verbänden gesprochen und haben sie gebeten, uns zu sagen, was sie ganz konkret stört. Wie sie es denn später konkret haben könnten. Ich muss gestehen, dass hier kein konkreter Vorschlag kam, sondern letztendlich waren alle der Meinung, man solle nicht daran rühren, sondern es besser laufen lassen. Das Gleiche wird mit dem Datenschutz gehen. Das Gleiche wird für andere Gesetzgebungsvorhaben gelten. Mein Rat kann nur sein: Wenn man etwas bewirken will oder der Auffassung ist, dass eine Gesetzgebung des Bundes wirtschaftliche Entwicklungen behindert, ist das Wirtschaftsministerium bereit, dies aufzugreifen. Der Rat ist aber, dies dann konkret mit Begründungen zu formulieren. Wir sind gern bereit, soweit vertretbar, das dann zu unterstützen. Man sollte die Formen wählen, die ich in dem jeweiligen Bereich gebraucht werden, d.h. in dem Bereich, in dem ein Bedürfnis nach einer solchen Sicherheit wie offenbar in weiten Teilen des Geschäftslebens nicht besteht, soll nach unserer Auffassung durchaus auf die digitale Signatur verzichtet werden.

Prof. Zerdick:
Das ist eine digitale Skalierung: 0 oder 1.

Herr Cronenberg:
Richtig, so war es gemeint.

Prof. Zerdick:
Danke. Die nächste, meines Erachtens ziemlich harte, Auseinandersetzung müssen offenbar Herr Englert und Herr Eberle führen. Ich mische mich gleich noch mehr ein.

Prof. Eberle:

Ein kurzes Wort: Ich hatte an sich gehofft, dass wir etwas Zukunftsgerichtetes diskutieren und nicht die ollen Kamellen wieder aufwärmen. Ich glaube, dass ist jetzt die sechste oder siebte Podiumsdiskussionsrunde, wo ich mich mit T-Online und mit Internetkompetenzen des ZDF rumschlagen muss. Die Sache ist eigentlich gegessen, sowohl was die Zusammenarbeit mit T-Online anbelangt – das ist natürlich kein Sponsoring, sondern hier machen wir von unserer Verwertungskompetenz Gebrauch. Hier haben sich Scharen von Juristen aus den Verbänden bemüht, irgendetwas gegen uns zu finden. Sie haben es nicht gefunden, es gab keine Prozesse. Es gab nichts; die Sache ist in Ordnung. Genau so ist das auch mit den Internetaktivitäten. Wir haben eine Kompetenz im Rahmen unseres Funktionsauftrags. Wir dürfen Online-Angebote, Mediendienste mit vorwiegend programmbezogenem Inhalt anbieten, und nichts anderes tun wir. Das ist auch ganz sinnvoll, dass man den Begriff vorwiegend programmbezogen nimmt. Es gab einstmals einen Mitarbeiter des BDZV, der sich drei Tage lang hingesetzt hat und geschaut, ob es für jede Nachricht, die wir hatten, auch einen Programmbezug zu einer ganz bestimmten Sendung gab. Eine solche Zensur eines Angebots ist natürlich Unsinn, das wirklich gut angenommen wird und vom Zuschauer auch erwartet wird. Wo kämen wir heute hin, wenn wir kein Internetangebot hätten? Das wird wirklich nachgefragt; und zwar in dem Sinne, wie es heute Morgen auch vorgestellt worden ist: als sinnvolle Ergänzung komplementär zu dem, was wir im Programm machen.

Jetzt zu den Pfeffermühlen. Wir haben keine Pfeffermühlen in unserem Angebot. Ich hoffe es jedenfalls. Man kann natürlich darüber streiten, ob hier Grundfesten des Wettbewerbs in Frage stehen. Aber rechtlich auch hier nur soviel dazu. Natürlich besteht auch hier eine Verwertungskompetenz, und es besteht eine Kompetenz der ARD, dass sie Merchandising machen darf. Diese Produkte darf sie nicht nur im Laden verkaufen, sondern auch auf den Wegen, wo heute verkauft wird. Es gibt kein Verbot des E-Commerce für den öffentlich-rechtlichen Rundfunk, auch wenn das immer wieder behauptet wird. Man muss einfach sehen, dass das Internet, vor allem das, was wir dort an Inhalten anbieten, Wettbewerb ist, aber kein ökonomischer Wettbewerb. Das wird immer wieder übersehen. Wir bieten keine entgeltlichen Inhalte an, sondern wir bieten etwas an, was der Zuschauer braucht, was unserem Funktionsauftrag entspricht und was meines Erachtens auch im Internet nötig ist. Es war vorhin von der Glaubwürdigkeit der Inhalte die Rede. Da muss es jemanden geben, der glaubwürdig die Inhalte rüberbringen kann. Außerdem geht es darum, dass man sehen muss, dass im Internet sich inzwischen auch monopolartige Strukturen über die Portale heraus gebildet haben. Es ist keineswegs so, dass dort die unbegrenzte Vielfalt herrscht, sondern die Ströme, die Informationszugänge, sind kanalisiert. Sehr wohl muss man sich dort langsam die Frage stellen, ob die Vielfalt, ob der Pluralismus gesichert ist. Wir haben eine wichtige Funktion, die wir wahrnehmen. So viel zu diesen beiden Themen. Ich sage es auch gern noch einmal.

Prof. Zerdick:

Das wird wahrscheinlich nötig sein, wenn auch nicht unbedingt heute. Sie sprechen von „ollen Kamellen". Das war meines Erachtens doch insofern zukunftsgerichtet als der gegenwärtige Stand ein etwas nicht völlig stabiler Kompromiss ist wie er sich im gegenwärtigen Rundfunkstaatsvertrag niederschlägt. Die Diskussionen werden u.a. auch unter dem Gesichtspunkt geführt, ob und wie das Verhältnis zwischen öffentlich-rechtlichem und privatem kommerziellen Rundfunk in der Zukunft möglicherweise anders geregelt wird.

Prof. Eberle:

Wir haben da aber eine permanente Diskussion. Kein Auftrag eines Unternehmens ist so sehr permanent unter Kontrolle wie der Funktionsauftrag von ARD und ZDF. Das ist auch gut so. Damit haben wir uns auch abgefunden. Aber hier muss man auch sehen, dass irgendwann ein Punkt erreicht sein muss, wo man dann sinnvoll in die Zukunft arbeiten kann. Ich glaube, dass der Stand im Bereich der Politik der ist, dass man sich die Sache auch im Kreise der Ministerpräsidenten überlegt hat, dass aber aktuell kein Veränderungsbedarf gesehen wird. Ich fände es sinnvoll, wenn man die Debatte hier einmal beendet.

Prof. Zerdick:

Ja, aber das teilen vielleicht nicht alle. Ich übrigens auch nicht. Ich sage Ihnen jetzt, was meine Lieblingsvorstellung ist. Ich fand, was Herr Beck heute Vormittag gesagt hat, liefert ein paar kleine Punkte, dass man auch grundsätzliche Änderungen durchaus ins Auge fasst. Ich halte diesen BDZV-Vorstoß mit dem Internet eher für etwas skuril, weil das nun wirklich nicht das ernsthafte Problem ist. Es gibt doch keinen in Ihrem Bereich, der behauptet, dass er mit dem Internetangebot Geld verdient. Also kann das doch nicht der Punkt sein, wo man sich am meisten streiten muss. Vielleicht wird es dann so ein Kompromisselement in einer großflächigen Flurbereinigung: „ihr dürft als dritte Säule Internet machen, dafür keine Werbung mehr".

Prof. Eberle:

Die dürfen wir ja sowieso nicht machen.

Prof. Zerdick:

Nicht im Internet. Ich meine Werbung im Programm. Ob das den kommerziellen Anbietern sehr helfen würde, ob die Werbewirtschaft das honoriert, ist natürlich eine spannende Frage. Da bin ich eher skeptisch. Das sind noch viele Möglichkeiten, die da drin sind. Es wird jetzt eine Reihe von Ministerpräsidenten geben, die ernsthaft nachdenken, was sie im Rundfunkbereich machen können. Das ist nämlich relativ preiswert und schafft eine Menge Publicity. Und ist möglicherweise sogar sinnvoll, je nachdem was man macht. Deswegen ist meine Vermutung, dass die einzelnen Punkte, die wir jetzt im Rundfunkstaatsvertrag in der jetzigen Fassung haben, relativ wenig wichtig sind im Vergleich zu einer innerhalb von zwei bis fünf Jahren vorstellbaren größeren Neudefinition des Verhältnisses öffentlich-rechtlich und kommerziell privat. Da sind dann alle Elemente im Spiel.

Dr. Englert:
Deswegen werden wir auch nicht müde, das Thema immer wieder zu bringen. Ich wollte nur einen Punkt dabei ansprechen, der mich immer stört. Das ist der Punkt nach der Glaubwürdigkeit. Wir sind zwar ein „privater Anbieter", nämlich Pro7, SAT1 Media AG, aber dass man uns immer die Glaubwürdigkeit abspricht und sagt, der heilige Gral der Glaubwürdigkeit und der Unabhängigkeit liegt bei den öffentlich-rechtlichen Nachrichtensendungen, kann ich schon nicht mehr hören, weil ich mir nicht sagen lassen möchte, dass unser Angebot unglaubwürdig ist. Deswegen ist das auch kein Argument. Das ist eine Schutzbehauptung. Wir sind genauso glaubwürdig, was unsere Nachrichten betrifft. Nehmen Sie ein anderes Beispiel: ntv, was nicht zu unserem Lager gehört. Da können Sie auch nicht sagen, dass das ein unglaubwürdiges Online-Angebot ist. Das würde ich sehr wohl auf die gleich Ebene stellen wie ein Heute-T-Online. Deswegen ist es kein Argument, dass ist ein Auftrag der öffentlich-rechtlichen ist, Glaubwürdigkeit in den Markt zu tragen. Die Glaubwürdigkeit tragen wir selber in den Markt, denn wir müssen dem User ein glaubwürdiges Angebot bieten, weil er sonst nicht gar nicht zu uns kommt.

Prof. Eberle:
Nur eine kurze Erwiderung. Ich habe niemandes Glaubwürdigkeit in Frage gestellt. Ganz im Gegenteil. Es ist interessant, dass Sie sich da angesprochen fühlen. Aber keineswegs habe ich die Glaubwürdigkeit von irgendjemand in Frage gestellt. Heute Morgen haben wir noch Beispiele kennen gelernt wie das Internet von vielen missbraucht wird und wo dafür gesorgt wird, dass das Internet insgesamt seinen Anspruch, valide Information zu liefern verliert. Das wird ganz bewusst von manchen untergraben. Je stärker diese Tendenz greift und je stärker ein Bewusstsein im Kreise der Nutzer vorhanden ist, dass hier bestimmte Gefahren sind, dass man hier nicht ordnungsgemäß bedient wird, kann ich nur sagen, dass es wirklich darauf ankommt, dass man Inhalte im Internet schafft, die auch verlässlich sind, ganz egal von wem sie kommen. Aber wir sorgen jedenfalls dafür, dass das, was wir anbieten, dem gleichen Stempel unterliegt, den gleichen Anforderungen genügt, denen auch unser Programm unterliegt. Dafür sorgt die gesellschaftliche Kontrolle, die sich bei uns der Internetnutzung angenommen hat und hierfür bestimmte Regeln entwickelt hat in Form von Richtlinien, die speziell für diese Angebote gelten.

Noch eine zweite Anmerkung. Die Diskussion um den Funktionsauftrag ist inzwischen auch zu einem mindestens vorläufigen Abschluss gekommen. Das hat Herr Beck heute Morgen auch deutlich gemacht. Es wird eine Grundnorm geben, und zu dieser Grundnorm wird es Selbstbindungen der einzelnen Sender geben, der ARD einerseits, des ZDF andererseits. Wie es mit den einzelnen Landesrundfunkanstalten der ARD ist, wird sich noch zeigen. Dann wird man sehen wie diese Selbstbindungserklärungen ausfallen. Ich denke, dass das, was vorgeschlagen wird, ganz vernünftig sein wird, und dann ist auch diese Diskussion zu einem Ende gekommen.

Prof. Zerdick:
Einige im Raum gucken, als ob sie das mit den Selbstbindungserklärungen der einzelnen Anstalten vielleicht nicht verstanden haben. Wir erklären es aber trotzdem nicht. Einverstanden?

Prof. Eberle:
Wie Sie wollen.

Prof. Zerdick:
Das machen wir später. Herr Cronenberg, Sie hatten sich gemeldet. Nur noch zwischendurch; Glaubwürdigkeit ist tatsächlich nicht das Problem. Glaubwürdig ist das schon, aber Sie beklagen sich – wie ich finde, nachvollziehbar –, dass die Bedingungen, unter denen Inhalte im öffentlichen rechtlichen Rundfunk produziert werden, in der Tat in vielen Bereichen sehr viel günstiger sind.

Dr. Englert:
Das ist die Basis für die Diskussion. Das meine ich eben mit Wettbewerbsverzerrung. Ich glaube, dass gebührenfinanziertes Internet in einem Markt, in dem es das Pflänzchen Internet gibt – das ist ja noch keine Pflanze – hier schon massive Auswirkungen hat auf jemand wie uns, die wir privat finanziert Internet betreiben müssen und sogar als Profitcenter gegenüber unsere Mutter, und das ist der Fernsehsender, bewähren müssen.

Prof. Zerdick:
Das Grundverständnis dabei ist natürlich, dass das duale System eben gerade nicht so angelegt ist, dass der Wettbewerb zwischen diesen beiden Teilen gleichmäßig läuft, sondern er ist gerade so angelegt, dass der öffentlich-rechtliche Rundfunk mit dem Auftrag der Grundversorgung die Basis dafür schafft, dass mit etwas niedrigeren Anforderungen ökonomisch unter schwierigeren Bedingungen die kommerziellen arbeiten können. Das ist das Problem. Wettbewerb findet eigentlich nur da statt.

Prof. Eberle:
Vielleicht noch einmal den Hinweis. Mit unseren Internetangeboten beteiligen wir uns zwar im Wettbewerb um die Zuschauergunst. Wir sind aber nicht in einem ökonomischen Wettbewerb und deshalb ist auch der Begriff des Marktes und der Wettbewerbsverzerrung hier verfehlt.

Dr. Englert:

Aber Sie wissen doch genau, dass der ökonomische Wettbewerb dem Wettbewerb um den Zuseher folgt. Das können Sie nicht einfach trennen. Am Ende des Tages, wie ich vorhin schon richtig gezeigt habe, findet es zwar keine Monopolisierung statt, aber es führt dazu, dass es einige Leitmarken im Internet gibt. Diese Leitmarken werden am Ende des Tages auch den ökonomischen Wettbewerb gewinnen. Die Frage ist, ob sich ein öffentlich-rechtliches Internetangebot zur Leitmarke auf Kosten anderer Marken ausbilden kann und dann damit auch einen, wie auch immer gearteten, ökonomischen Wettbewerb unter Umständen gewinnen. Das wollen wir eben vermeiden. Wir wollen nicht, dass die Gebühren mit Mitteln finanziert sind, die unsere Mittel beinahe um eine Größenordnung übersteigen, Ihr Angebot so vorantreiben, dass es auf Kosten unseres Angebotes geht. Das ist zunächst einmal Schritt 1 des Wettbewerbs, von dem wir reden. Da sind wir der Meinung, dass das in geregelten Bahnen laufen sollte und fordern deswegen die Beschränkung.

Prof. Zerdick:

Für Wettbewerb zuständig ist auch Herr Cronenberg, der sich gemeldet hat.

Herr Cronenberg:

Nein, in diesem Punkt gerade nicht. Der Bund hat hier keine Zuständigkeit. Es ist reine Zuständigkeit der Länder. Deswegen hält der Bund sich auch zurück. Es gibt auch keine förmliche Festlegung einer politischen Haltung. Natürlich gibt es Kontakte zwischen Bund und Ländern. Mein neuer Minister kommt ja aus den Ländern, hat als Ministerpräsident an diesen Dingen auch mitgewirkt. Allerdings will ich doch auf zwei Punkte kurz hinweisen. Es gibt auch außerhalb der privaten Rundfunkanstalten die Klage von Leuten, die Dienste anbieten wollen und sagen, wenn die Internetauftritte der öffentlichen zunehmen und einen gewissen Bereich überschreiten, fühlen wir uns in unseren Aktivitäten behindert. Wir nehmen natürlich solche Klagen ernst, weil wir uns bemühen, diesen Diensten Chancen zu geben, sich kommerziell zu entwickeln und empfehlen deswegen eine gewisse Zurückhaltung der öffentlich-rechtlichen. Ich habe das – das ist aber nur eine persönliche Bemerkung – bislang immer so verstanden, Herr Prof. Eberle, dass die Begründung für den Internetauftritt war, keine Wettbewerbsverzerrung zu haben zwischen den privaten und den öffentlich-rechtlichen, wenn die privaten das Internet nutzen können. Eine Begründung darin zu suchen, dass die öffentlich-rechtlichen gebraucht würden, um eine Meinungsvielfalt aller Rundfunkfreiheit im Internet zu garantieren, wäre aus meiner Sicht eine völlig neue Diskussion und bevor man die vom Zaun bricht, sollte man sich das überlegen.

Prof. Zerdick:

Das war eine Warnung vor der Diskussion. Darf ich einen Aspekt an Herrn Junginger noch einmal als Frage richten. Dass was hinsichtlich der technischen Voraussetzung für den Schutz von sowohl Jugendschutzregeln als auch Copyright-Regeln gedacht. Sie haben das vorhin so schön formuliert, dass Sie das alles in Ihrem eigenen Haus haben und demzufolge die Kompromisse innerhalb des Unternehmens aushandeln. Können Sie noch einmal deutlicher machen, was der Konflikt ist. Freuen Sie sich darüber, wenn alle paar Jahre die Geräte ausgetauscht werden müssen, weil ein neuer Standard für DRM kommt oder neue Jugendschutzvorstellungen oder ähnliches. Das wäre ein bisschen frühkapitalistische Kritik.

Herr Junginger:
Wir sehen natürlich als Haus, wenn wir Content haben und dann die Geräte darauf abstimmen, dass dieser Content in einer „securen" Umgebung mit unseren Geräten gesehen werden kann, dass das nicht ausreicht. Wir sind sehr wohl interessiert, Standardisierung zu haben. So vermessen sind wir auch nicht, dass 100 % der Leute nur Sony Geräte zuhause haben und dann Sony Content sehen. Es muss interoperabel sein. Deswegen versuchen wir, es gibt verschiedene Kommissionen, die aber nicht so viel weiter kommen, hier einem Standard mit zum Durchbruch zu verhelfen. Es muss möglich sein, diesen Standard, und der ist deswegen kompliziert, weil, wenn er wirklich wirksamer als das bisherige ist, muss ich im Gerät auch etwas machen. Ich kann nicht das Gerät nur als Black Box hinstellen. Ich muss im Gerät Teile haben, um diese Digital Rights Managements richtig zu verarbeiten. Das muss ich standardisieren, dass wir diesen Standard für Filme – und das ist im Moment das Dringenste, weil wir nicht wissen, ob wir Musik noch einmal richtig retten, aber wenn es bei Filme Broadband wird wollen wir nicht, dass so etwas passiert wie mit Napster.

Prof. Zerdick:
Würde das Ihren Wunsch, den Sie vorhin formuliert haben, erfüllen?

Dr. Englert:
Es beantwortet theoretisch die Frage, aber ob es praktisch umsetzbar ist? Ich wollte noch einen Punkt zu dem erwidern, was Prof. Hoeren gesagt hat. Wir wollen natürlich nicht mit der Strafe und mit der Axt winken, sondern das kam vielleicht falsch rüber. Für uns ist das Thema „fair use" das wichtigste Thema, was wir mit Unrechtsbewusstsein meinen. Ich gebe Ihnen vollkommen Recht. Man muss die Leute zu einem fair use erziehen und nicht immer gleich sagen: Ihr werdet bestraft, wenn ihr das nicht tut.

Herr Cronenberg:
Wenn ich nur eine Bemerkung machen darf. Wir haben in der letzten Legislaturperiode das sog. Kontrollzugangsgesetz eingeführt. Wir sind schon der Meinung, dass beispielsweise der, der es gewerbsmäßig übernimmt, die Sicherung von Pay TV mit Zusatzgeräten zu umgehen, kriminell handelt und auch bestraft werden muss. Man muss durchaus differenzieren und soweit hier der staatliche Schutz notwendig ist, wird er auch durchgeführt und muss auch durchgesetzt werden. Das heißt, in manchen Bereichen brauche ich das Strafrecht, um hier auch nach außen deutlich zu machen, dass hier kriminelles Unrecht mit der Tätigkeit verbunden sein kann.

Prof. Zerdick:

Das ist auch deutlich jenseits von „fair use". Nur interessanterweise wird genau dieser Punkt, also Umgehung von Schutzmechanismen, der in den USA klar geregelt ist, im Moment gerade diskutiert im Rahmen der Überprüfung des Digital Millenium Copyright Act. Herr Hoeren, Sie sind angesprochen worden. Ich hoffe, Sie sagen noch etwas zur „Todgeburt".

Prof. Hoeren:

Ich habe mir das natürlich alles so angehört und vielleicht passt gerade diese letzte Bemerkung, die Sie gemacht haben, sehr gut zu der Signaturdiskussion. Es scheint ein Grundproblem zu geben, dass Herrn Picot sehr interessieren müsste, nämlich netzwerkökonomisch: Wie schafft man es, dass Konkurrenten so zusammen arbeiten, dass man durch Standards, durch Vereinheitlichung eine Struktur schafft, die es wieder allen ermöglicht, Konkurrenten zu bleiben. Man ist ja sozusagen in einer Familie. Bei der Signatur sehen Sie, wie es gescheitert ist. Es hätte die historische Chance gegeben, das einzuführen. Das waren die Banken mit den EC-Karten, als die EC-Karten ausgetauscht worden sind. Da waren aber das Problem, dass die Sparkassen HBCI hatten, die Volksbanken hatten PIN-Nummern, die Deutsche Bank hatte E-Cash – ein völlig gescheiterter Versuch, der schon längst Pleite ist. Man konnte sich nicht auf einen Standard verständigen und damit ist das Ganze gescheitert. Genau die gleiche Befürchtung habe ich jetzt bei DRM. Dass wir natürlich wunderbare Dinge haben, alle möglichen Projekte – gestern haben wir noch Wunderbares aus Ilmenau gehört –, tolle Sachen. Jeder macht irgendetwas, kocht sein Süppchen. Aber die Schwierigkeit ist, das Ganze zu einem Standard zu bringen, so dass alle da auch auf einem Level arbeiten. Das scheint nicht zu funktionieren. Deshalb zu Herrn Cronenberg: Ich finde es auch gut, dass die Bundesregierung versucht, die Signatur zu puschen. Das ist kein Vorwurf. Es ist auch nicht der Fehler der Bundesregierung oder von irgend jemand gewesen. Es sind wirklich netzwerkökonomische Dinge, die dazu geführt haben, dass das Ganze gestorben ist. Sie sagten B2B. B2B ist gar kein Thema für die Signatur. Da machen Sie einen Rahmenvertrag, dann hat sich das Thema erledigt. Das Thema ist B2C. Wir könnten den Test hier in dem Raum machen, wer von Ihnen eine Signaturkarte hat, also irgendetwas mit einer Signatureinheit. Außer Herrn Cronenberg hat wahrscheinlich keiner eine. Sie sehen das Problem. Das Problem ist jetzt wirklich virulent. Wir könnten sagen, dass das ein Thema ist, was mit dem heutigen Tag gar nichts zu tun hat. Das ist absolut virulent, weil alle neuen Dienste in eine Situation kommen, wo bezahlt werden muss. Wenn dann jemand sagen kann, dass er gar nichts bestellt hat, haben Sie das Problem des Oberlandesgerichts Köln. Die haben vor zwei Tagen entschieden – alle haben darauf gewartet –, dass alle elektronischen Bestellungen keinen Beweiswert haben, dass man daran nichts anknüpfen kann. Solche Entscheidungen kommen jetzt immer weiter hoch, und dieses Problem müssen wir lösen. Wir können ansonsten nur Abo-Dienste machen. Das ist diese Pay-TV-Erfahrung oder erstaunlicherweise funktioniert die Kreditkarte noch und hat noch einen gewissen Einflussgrad. Wenn Sie jetzt schon anfangen wollen, davon wegzukommen, haben Sie wirklich ein richtig schweres juristisches Problem. Das bekommt man nicht so einfach gelöst.

Prof. Zerdick:
Sie haben das Beispiel digitale Signatur genannt. Ich hatte Skalierung zunächst auch anders aufgefasst und gesagt, die digitale Signatur – sozusagen dieses relativ schwere Geschütz – ist für einige wenige Fälle in der Tat sinnvoll, für viele andere eher lästig. Kreditkarten funktionieren erstaunlicherweise. Mit der Betrugsquote, die wir im Moment haben, können wir offenbar alle leben. Das ist wie mit Ladendiebstahl, der ja auch kriminell ist, aber trotzdem die Marktwirtschaft nicht prinzipiell aushebelt. Das scheint zu funktionieren mit unterschiedlich abgestuften Systemen. Aber der entscheidende Punkt ist tatsächlich: Wer sorgt dafür, dass es eine wirklich einheitliche Lösung gibt? Jetzt haben wir natürlich noch das Problem, ob uns das in der Bundesrepublik reicht? Wenn man die Sony-Geräte baut, die in relativ vielen Ländern verkauft werden müssen, sollen, auch werden, dann ist das offenbar nicht die Lösung. Aber vielleicht setzen sie in der Industrie Standards.

Dr. Junginger:
Das wäre ja auch klug. Daran arbeiten wir ja, dass wir zunächst sagen: Wir brauchen einen Industriestandard. Aber dann haben wir die Diskussion mit Microsoft und mit HP, die zum Teil andere Interessen haben als wir.

Prof. Zerdick:
Das ist doch gut.

Dr. Junginger:
Ich denke, dass das auf dem richtigen Weg ist. Aber es sieht so aus, als wenn das dann ein Mix-System wird. Ob man das dann durchsetzen kann?

Prof. Zerdick:
Das ist ein faszinierender Gedanke. Stellen Sie sich einmal vor: Sony versucht in diesem Bereich einen weltweiten Standard als Industriestandard zusammen mit Philips durchzusetzen, der Microsoft nicht gefällt. Die Art von Wettbewerb wäre wirklich toll. Die Sympathien werden da relativ schnell einseitig verteilt. Vielleicht sollten wir Sie ermutigen, dass zu tun. Wenn wir das auf Regierungsebene versuchen zu lösen, wird das wahrscheinlich schwierig, was Microsoft angeht. Hatten Sie noch einen Hinweis, was die digitale Signatur oder die anderen Sachen angeht? Ich würde sonst gern noch einmal zum Copyright übergehen.

Ein Problem, das ich unbedingt gern noch in Bezug auf die Netzwerkeffekte ansprechen will, ist, dass wir möglicherweise – das ist an Sie gerichtet – kurzfristig darauf achten, wie augenblickliche Rechteinhaber möglichst Verluste vermeiden, die durch diese neuen digitalen Kopiertechniken möglich werden und dabei über das Ziel hinaus schießen. Es geht da nicht nur um „fair use" im Sinne von Erhalten von bisherigen Nutzungsformen, sondern es geht längerfristig darum, was uns in der bisherigen Mediensituation gar nicht bewusst wurde, weil es so selbstverständlich ist, möglicherweise dabei gefährdet wird. Ich meine dabei die Diskussion um „the future of ideas", wie Larry Lessig das formuliert hat oder „digital commons" oder, ich versuche einmal einen anderen Kampfbegriff zu setzen, „kulturelle Netzeffekte". Also, die Tatsache, dass es vielleicht möglich sein könnte, Leute auszuschließen aus der Nutzung von Dingen, die als gemeinsame Basis in der Gesellschaft angesehen werden, ist ziemlich beunruhigend. Wenn es wirklich so weit käme, und alle von uns, die Wissenschaft publizieren, kennen schon den Unterschied zwischen den deutschen und den amerikanischen Zitierregeln. Als amerikanischer Autor können Sie fast gar nicht mehr jemand länger zitieren ohne seine Zustimmung oder die Zustimmung des Verlages. Das geht jetzt schon fast so weit, dass man sagt: In welchen Zusammenhang willst du das zitieren, einfach nur abdrucken oder willst du es vielleicht kritisieren? Das geht dann möglicherweise zu weit. Da sind unsere Regeln im Moment noch recht gut. Was ist eigentlich der Grund, dass Urheberrechte so viel länger gelten als Patente? Was ist der Grund, dass wir Softwarepatente zulassen? Müssen wir da nicht möglicherweise an den Fristen ganz schnell etwas ändern? Sonst kriegen wir wirklich eine Situation, wo wir nicht mehr auf den Schultern der anderen leben können. Wo man nicht mehr als selbstverständlich voraussetzen kann, dass innerhalb der Gemeinschaft alle dieselbe kulturelle Grundlage zumindest hätten haben können. Das wäre eine Situation, die sehr viel misslicher wäre als mögliche Umlenkung von Erlösströmen.

Prof. Eberle:
Ich glaube mit der Forderung, Fristen für die urheberrechtliche Nutzung zu senken, werden Sie einen ganz schönen Aufruhr verursachen, denn der Trend in der europäischen und auch in der deutschen Gesetzgebung ging gerade umgekehrt dahin, dass man diese Fristen verlängert hat. Ich glaube, dass ist auch nicht der richtige Weg. Wir kommen wieder zurück auf das, was wir eingangs diskutiert hatten und wo Herr Hoeren und ich uns vom Ergebnis her einig waren, dass man die Hemmnisse für die Nutzung, die durch ein Verbotsrecht des Urhebers geschaffen werden, die durch ein Verbot unbekannter Nutzung geschaffen werden – dass man die unbekannten Nutzungen überträgt – beseitigen müsste. Das kann man natürlich auch unter Wahrung der Interessen der Urheber beseitigen, indem etwa ein Vergütungsanspruch zugestanden wird. Da hätten wir als Verwerter nicht einmal etwas dagegen. Dann kann man das auch dadurch praktikabel machen, dass man die Mitwirkung der Verwertungsgesellschaften vorschreibt, und dann ist dieses Problem gelöst. Dann können die Urheberrechte erworben und abgegolten werden. Diese Nutzungsschranke, die Nutzungsbarriere, die man zwar vielleicht heute nicht sieht, aber wenn man sich die Inhalte des Netzes ansieht, merkt man schon, dass wertvolle Sachen einfach nicht drin sind. Dann wäre dieses jedenfalls beseitigt. Die Frage der Digital Rights Managements schließt sich an. Was passiert, dass nicht Missbrauch getrieben wird? Das ist aber ein anderes Problem. Zunächst geht es darum, dass Leute, die wirklich etwas ins Netz zu stellen hätten – dazu zählen natürlich auch diejenigen, die

über Jahre hinweg urheberrechtliche Werke geschaffen und erworben haben, wie beispielsweise für die Rundfunkanstalten in ihren Archiven die Möglichkeit geschaffen würde, dieses auch einer breiten Öffentlichkeit wieder zugänglich zu machen.

Prof. Hoeren:
Ich beanworte einmal die Frage von Herrn Zerdick, weil wir in der Detailfrage anscheinend sehr nahe beieinander sind. Es gibt hier ein Grundproblem. Das ist die Gefahr der Informationsgerechtigkeit. Das ist ein Konzept, das noch nicht richtig ausgelotet ist. Wir stehen erstmals vor der Situation, dass Dinge gleichzeitig markenrechtlich, patentrechtlich und urheberrechtlich geschützt werden können. Das waren früher absolute Dogmen, religiöser Glaube, dass etwas nicht gleichzeitig patentrechtlich, urheberrechtlich und markenrechtlich geschützt sein kann. Das ist durchbrochen.

Prof. Zerdick:
Also früher ist gar nicht so lange her?

Prof. Hoeren:
Das ist gar nicht so lange her. Ich spreche über fünf, sechs Jahre. Das löst sich auf Softwarepatente, Businessideas, Lichtmarke, Farbmarken usw. Es gibt ein breites Spektrum. Wenn Sie das aber gleichzeitig haben, kann natürlich in der Industrie jongliert werden. Das erleben wir – ich bin auch Richter am Oberlandesgericht Düsseldorf – in der richterlichen Praxis jeden Tag. Das sind ganz geschickte Balanceakte, das so weit wie möglich auszureizen. Dann passen die Schranken nicht mehr zusammen, die Ausnahmebestimmungen, die Fristen. Wir brauchen wirklich einmal eine gesellschaftspolitische Diskussion, wie wir damit umgehen. Herr Lawrence Lessig, also ein Kollege von uns, leicht bizarr, ist auf die wirre Idee gekommen, mit einem wilden Vorschlag zu sagen: Wir verkürzen alles auf 20 Jahre, jedes Schutzrecht nur 20 Jahre, und das war es. Das werden wir nicht machen können. Wir können das Rad nicht zurückdrehen, weil wir internationale Verträge unterschrieben haben, in denen mindestens 50 Jahre ab Tod des Urhebers stehen. Aber wir brauchen diese Diskussion. Ich kann Ihnen auch keine Lösung dafür sagen. Ich sage meinen Studenten in der Vorlesung immer: Es ist ein unlösbares Problem. Wir haben auch keine Konzepte dafür, um es zu lösen.

Prof. Zerdick:
Ich habe gerade die Bemerkung gemacht: Nach Tod aller Urheber. Es heißt bei Filmen auch: des jüngsten Statisten.

Prof. Hoeren:
Ja, in der Filmbranche ist das Klassische. Wenn die Cutter auch noch Urheber sind, müssen Sie warten bis der letzte Cutter das Zeitliche gesegnet hat und dann 70 Jahre darauf.

Prof. Zerdick:

Das hieße dann, dass den Vorschlag, den Herr Eberle macht, der sagt: Verbieten nicht, d.h. es muss zugänglich bleiben, Vergütung: ja. Dann ist die Frage, wer zahlt die Vergütung für welche Arten von Inhalten.

Prof. Hoeren:

Das ist ein Detailproblem, das etwas anderer Natur ist. Das geht in die Frage: Was passiert mit Verträgen, wenn nachträglich sich neue Techniken entwickelt haben? Kann man die geschickt in den Vertrag einbinden? Und da war bisher die Sperre, Verträge über noch nicht bekannte Nutzung sind unwirksam. Die Urheber würden sagen, dass es auch aus praktischen Notwendigkeiten besser ist, eine digitale Nutzung bei der Verwertungsgesellschaft vergütet zu bekommen als mit einem Verbotsrecht das zu verhindern und Verbotsrechte sind auch kein Geld. So auch der Bundesgerichtshof hier in der Pressespiegelentscheidung, wo man das auch auf diese Art gemacht hat. Dann haben Sie nur ein Folgeproblem. Das geht an die Verwertungsgesellschaft, und wir müssen bei der Verwertungsgesellschaft, die auf einmal eine große Macht hat und einen enormen Bedeutungszuwachs bekommt, was neue Nutzung angeht. Da werden andere Aufsichtsstrukturen gebraucht, die ausnahmsweise einmal effizient sind, denn so eine große Organisation bedarf dann auch wirklich klarer klassischer Kontrolle. Davon sind wir weit entfernt. Da liegen Welten zwischen der Kontrolle und den Verwertungsgesellschaften.

Herr Cronenberg:

Ich will mich zu den nachgelagerten Nutzungsformen mangels genauer Kenntnisse nicht äußern. Ich will aber noch folgendes betonen. 1. Haben wir den Eindruck, dass die technische Entwicklung von Digital Rights Management Systemen doch sehr schnell voran schreitet und nach meinem persönlichen Eindruck unter Plausibilitätsaspekten diese Systeme durchaus heute eine vergleichsweise hohe Qualifizierung haben. Der Gesetzgeber hat dem auch dadurch Rechnung getragen oder trägt dem dadurch Rechnung, dass er in dem jetzigen Gesetz zur Umsetzung der letzten Urheberrechtslinie immerhin zwei Punkte regelt. Es wird einmal, so ähnlich wie ich das vorhin für Pay TV dargelegt habe, festgelegt, dass die Umgehung dieser Schutzmechanismen auch besonderen strafrechtlichen Sanktionen unterworfen wird. Außerdem wird festgelegt, dass die Einführung derartiger Systeme bei der Festlegung von Geräteabgaben die Pauschale, die erhoben werden, zu berücksichtigen ist. Wir sind mit dem Besitzministerium einig, dass, wenn dieses Gesetz in Kraft getreten ist, sofort versucht wird, hier grundsätzlichere Lösungen für den digitalen Bereich im Urheberrechtsschutz in dieser Legislaturperiode aufzunehmen. Dass das ein schwieriges Thema ist und Urheberrechtsinformationsfreiheit und andere Dinge hier unter Umständen im Konflikt gesehen werden müssen, ist sicher. Aber es ist ein Teil des Gesetzgebungsprogramms der Bundesregierung für diese Periode.

Prof. Eberle:
Herr Cronenberg, es wäre aber doch auch sehr gut, wenn Sie in Sachen 31, Absatz 4, nämlich dem Verbot der Übertragung unbekannter Nutzungsarten Ihre Ansicht aus dem Wirtschaftsministerium einbringen könnten oder Ihr Interesse artikulieren, dass hier eine verwertungsfreundliche und zwar nicht nur für die Verwerter, sondern auch für den Nutzer, freundliche Neuregelung geschaffen wird, die letztlich der Wirtschaftätigkeit auf diesem Sektor insgesamt zugute kommt. Ich glaube, ein solcher Impuls würde uns allen helfen.

Herr Conenberg:
Ich kann Ihnen nur sagen, dass mir das, was hier dazu vorgetragen worden ist, als plausibel einleuchtet. Wir werden sehen wie weit wir das aufnehmen können.

Prof. Zerdick:
Ist diese kulturelle Komponente auch im Gespräch oder kommt das erst bei der Informationsgesellschaft 2006?

Herr Conenberg:
Das wird bei der Frage, was das Ministerium nun für das Urheberrecht vorlegt ganz generell sicherlich auch eine Rolle spielen.

Prof. Zerdick:
Der entscheidende Punkt ist ja, wenn man akzeptiert und sagt: Gut, verboten nicht, dafür bezahlen. Beim Bezahlen werden wir dann möglicherweise so eine Art von Mieterschutz brauchen. Ich beziehe mich jetzt auf Rifken, der ja zu Recht gesagt hat, Eigentum ist nicht das Entscheidende, sondern Zugang. Nur wir alle, die wir Eigentumswohnungen oder Häuser der Mietersituation vorziehen, wissen, dass Zugang über Eigentum geregelt werden kann. Umgekehrt kann Zugang über Nichteigentum relativ leicht ausgeschlossen werden oder nur unter Bedingungen zugelassen werden, die einigen nicht gefallen. Wäre das dann so, dass wir eine mieterschutzrechtähnliche Situation bekämen? Das ist kein schöner Gedanke. Die Schlussfolgerung aus einer Bezahlung für urheberrechtliche Vergütung heißt, dass man dann regeln muss, wer zahlt aus welchem Topf wofür genau. Wenn es dann zum Beispiel wieder in Richtung Medien geht, wird man sicherlich kein Problem damit haben zu sagen, dass die kommerziellen privaten Rundfunkanbieter die zusätzliche Nutzung gegen Bezahlung ermöglichen, umgekehrt bei den öffentlich-rechtlichen, wo viele von uns in dem Glauben leben, es sei schon mal bezahlt worden, was da in den Archiven liegt.

Prof. Eberle:
Darf ich Ihnen erklären, warum das ein Irrtum ist? Wir haben natürlich für die Nutzung, die wir bezogen haben, bezahlt. Wir haben aber natürlich nicht bezahlt für diese seinerzeit unbekannte Nutzungsart. D.h. wenn wir jetzt ein Fernsehspiel ins

Netz stellen wollten oder würden, dann müssten wir natürlich die Urheber und Mitwirkenden abgelten. Das sind zusätzliche Kosten, die wir haben.

Prof. Zerdick:
Das würde ja für Nachrichten nicht gelten.

Prof. Eberle:
Um Nachrichten geht es jetzt auch nicht.

Prof. Zerdick:
Die hätten wir aber gern aus den Archiven.

Prof. Eberle:
Da gibt es noch ganz andere Probleme. Da gibt es die Probleme, wenn wir über jemand in den Nachrichten berichtet haben, dass er festgenommen worden ist, dass das eine Nachricht ist, die man zwar aktuell bringen darf, die aber nach einem, zwei oder drei Jahren schon wieder nicht mehr gebracht werden darf, um die Resozialisierung vielleicht nicht zu gefährden. Eine aktuelle Nachricht kann nicht ohne weiteres gespeichert werden. Das ist ein erhebliches Problem, was uns dazu führt, dass wir relativ regelmäßig unsere Inhalte im Onlinebereich durchforsten und aussortieren. Darüber sollte man sich vielleicht auch einmal Gedanken machen.

Prof. Zerdick:
Aber Resozialisierung gilt zumindest nicht für Bundeskanzler und Ministerpräsidenten. Also, die klassischen Nachrichteninhalte.

Prof. Eberle:
Das ist nicht so die Frage der Resozialisierung. Es ist die Frage, ob sich jemand gefallen lassen muss, im Fernsehen gezeigt zu werden. Es ist eine Frage des Persönlichkeitsrechtsschutzes, und da gibt es bestimmte Argumente, dass ich jemand bringen kann, wenn er eine relevante Person der Zeitgeschichte ist. Aber diese Eigenschaften verliert er nach einem bestimmten Zeitraum, und dann darf ich ihn via Archiv nicht noch einmal präsentieren. Das ist ein echtes Problem.

Prof. Zerdick:
Eins, das wir lösen müssen. Ich will noch einmal auf die kulturellen Netzeffekte kommen. Es muss möglich sein, dass die Gesellschaft darauf aufbaut. Und wenn wir jetzt die zusätzlichen technischen Möglichkeiten haben, die jetzt wirklich wundervoll sind. Wenn wir uns noch überlegen, dass das digitale Fernsehen von dem technischen Verbreitungsgrundsatz auch noch wesentliche Teile dessen, was wir traditionell im Internet machen, auch noch schneller, billiger, transportierbar machen kann. Es ist ein Wiedersinn, der darin entsteht, wenn wir jetzt sagen, die rechtlichen Regelungen, die wir haben, machen aber gerade das nicht möglich. Wir müssen darauf achten, dass wir da keine Fehler machen. Meines Erachtens heißt das, dass

wir darauf achten müssen, dass wir ganz schnell die entsprechenden rechtlichen Regelungen schaffen, die das, was wir für sinnvoll halten nicht als Fehler in einem rechtlichen Sinne definiert.

Prof. Eberle:
Wir haben das hier für den Bereich des Urheberrechts aufgezeigt, aber für den Bereich des Persönlichkeitsrechtsschutzes ist diese Frage eigentlich auch erst in den letzten Wochen oder Monaten aktuell geworden aufgrund einer gerichtlichen Entscheidung, aber das ist sicher ein Problem, das man angehen muss und angehen sollte, wenn man die Archive auch offen halten möchte.

Prof. Zerdick:
Wir sind jetzt an dem Punkt, wo wir Sie auch einbeziehen dürfen und wollen. Wer möchte? Bitte schön.

Frau Dr. Mangold, Hessischer Rundfunk:
Ich bin Vizepräsidentin der Deutschen UNESCO Kommission. Die Frage, was wir von der zukünftigen Informationsgesellschaft haben können, beschäftigt die UNESCO sehr intensiv, und zwar nicht nur in Hinblick auf 2006. Schon 2003 wird in Genf der „UN-World Summit on Information Society" sein. Die damit zusammenhängenden Fragen haben eine ganze Reihe von Jahren schon eine Debatte hinter sich. Wir haben den Ansatz, den Sie, Herr Zerdick, bemüht haben, kulturelle Vielfalt. Es gibt seit letztem Jahr eine „Allgemeine Erklärung zur kulturellen Vielfalt". Sie hat keinen rechtlich bindenden Charakter, sie hat einen normativen Charakter wie jede Deklaration. Aber sie ist eine einheitlich angenommene Deklaration, unterstreicht, dass kulturelle Vielfalt erhalten bleiben muss, gerade im Bereich der Medien. Die Staaten sind aufgefordert, auch darüber nachzudenken, ob es ein rechtliches Instrument geben muss, um diese kulturelle und mediale Vielfalt zu sichern. Und welche Regulierung das gesellschaftlich erfordert. Mein Eindruck ist, dass das, was wir hier heute Nachmittag gehört haben, eher das Gegenteil ist. Wir sind erstens sehr national mit uns beschäftigt, und wir sind sehr stark dabei, offenbar Schutzrechte in jener Tendenz zu erweitern, Schutzrechte auf neue Tatbestände zu erstrecken und insgesamt zu verstärken. Das heißt, um es einmal wie eine Journalistin sehr platt zu sagen, wir haben es mit „Walls" zu tun. Wir mauern uns ein bisschen ein. Ob das international eine tragfähige Strategie ist angesichts der von Ihnen heute ja auch skizzierten Möglichkeiten, dass das Netz Zugang zu Wissen, Zugang zu Innovationen, Zugang zu Entwicklungen ermöglicht, glaube ich, ist sehr zu bezweifeln. Ich denke, wir müssen wirklich zu der Einsicht kommen, dass wir neue Möglichkeiten im Netz haben, die der gesamten Welt Innovationen ermöglichen soll. Ich erinnere an die Okinawa Charter, wo das der Welt hochheilig versprochen worden ist. Wir haben dazu Ansätze beispielsweise in der Agenda 21: Was sind tragfähige, was sind zukunftsfähige Entwicklungen überhaupt? Welche Kriterien gibt es da? Ich würde Sie bitten, von Ihren eigenen Verwertungsüberlegungen ein Stück weit weg zu rücken und die Frage zu stellen: Was könnten zukunftsfähige, tragfähige internatio-

nale Modelle sein, die uns nützen, weil wir im eigenen Interesse über das eigene
Interesse hinaus zu denken.

Prof. Zerdick:
Passt Ihr Beitrag dazu oder sollen wir erst antworten? Herr Croneneberg, Sie sind
dafüt zuständig, dass da was passiert.

Herr Cronenberg:
Die Mahnung kann man sicher nur beherzigen. Dass wir uns hüten müssen – bis in
den letzten Minuten war es unter rein nationalen Gesichtspunkten. Es wird den
World Summit of Information Society im Jahr 2003 und 2005 geben, der auch solche
Fragen erörtern wird. Da gibt es bislang einen klaren Interessengegensatz. Die Ent-
wicklungsländer wollen im Grunde genommen Hilfen der entwickelten Ländern,
um ihnen auf die Beinen zu helfen, während die entwickelten Länder sagen: Wir
wollen von euch eine Umstrukturierung eures Wirtschaftssystems, dass wir auf
sicherer Basis investieren können. Daneben spielen aber die kulturellen Fragen wie
Schutz von Minderheiten, Bürgerrechte, Freiheitsrechte eine große Rolle. Insofern
werden diese Themen im Rahmen der Vorbereitung dieser Konferenzen – jetzt war
eine europäische Vorbereitungskonferenz in Bukarest – schon ausführlich diskutiert.
Das nutzt uns aber nichts für die Frage, dass wir möglichst nicht nur national, sondern europäisch die Frage, wie das Verhältnis zwischen Informationsbedürfnis und
Urheberrecht ist, auf dieser Ebene angehen müssen.

Herr Kohlscheidt, CDTM:
Wir beschäftigen uns im Rahmen unserer Seminare auch mit dem Thema Digital
Rights Management, und es zeigt sich für uns, die wir überwiegend noch Studenten
sind, dass nicht so die technischen Dinge und die Einigung der Hersteller vielleicht
das Hauptproblem sein können, sondern viel mehr die Tatsache, dass die Internetnutzer diese neuen Formen der Rechteregulierung nicht akzeptieren werden. Es
zeigt sich immer wieder, wenn die regulierende Hand versucht, in die Internetcom-
munity einzugreifen wie in Napster, dass die einfach ausweicht. Da würde ich gern
von Ihnen, Herr Dr. Junginger, und Ihnen, Herr Prof. Hoeren, hören wollen, wie Sie
das Problem lösen wollen.

Prof. Zerdick:
Ich fürchte, die haben keine Antwort.

Dr. Junginger:
Ich kann Ihnen heute keine Lösung anbieten. Die Industrie ist sich nur eben bewusst,
dass man bei den CDs und Audios zu blauäugig reingegangen ist, und die ersten
Schutzmaßnahmen waren zu einfach. Wir gucken jetzt und denken, dass die Broad-
bandverbreitung ein bisschen Zeit braucht, dass uns Lösungen einfallen müssen,
weil die Konsequenz ist, wenn wir keine Lösung haben, werden wahrscheinlich
solche aufwendigen Produktionen wie wir es heute bei Filmen machen, nicht mehr

kommen. Ob das jetzt gut oder schlecht ist, ist eine philosophische Frage. Aber wir müssen ein Geschäft machen und das heißt, wir müssen versuchen, Lösungen zu finden. Vielleicht sind wir clever genug, dass wir doch Lösungen in der Schublade haben, die es schwieriger machen, das zu umgehen. Gleichzeitig muß man klar machen und da kann man nur appellieren, dass die Sachen, die mit Napster passiert sind – und das Problem hat man, wenn man solche Brenner auf den Markt bringt – ein Unrecht sind. Auch das ist ein Prozess und es gibt keine Lösung, von der man heute sagen kann, dass sie alles löst.

Prof. Zerdick:
Es gibt da noch eine ökonomische Diskussion. Herr Hoeren.

Prof. Hoeren:
Die Lösung kann ja nur so sein – und so habe ich immer die Industrie verstanden –, dass man sagt: Alle digitalen Inhalte werden so auf den Markt gebracht, dass sie automatisch mit diesem DRM versehen sind, das heißt, es gibt diese digitalern Inhalte gar nicht mehr in anderer Form. Wenn man diese Lückenlosigkeit garantieren könnte, wäre das ideal, wäre es in Ordnung. Aber sobald sie nur einen – und das ist das Schlimme der Internetdiskussion – einzigen haben, der die Verschlüsselung weg bekommt und der es ins Netz stellt, ist das System wieder brüchig. Gestern haben wir diskutiert, wie brüchig, wie effektiv kann man dann etwas gegen die Internet Community machen. Aber Sie können das vergessen. Das ist ganz klar. Das zeigen Beispiele wie Kaaza. Sie haben auch keine Handhabe und sind wirklich einfach machtlos. Deshalb ist für mich klar geworden: die Lösung ist keine juristische, was diese Internetgeschichte angeht. Das können Sie nicht dadurch lösen, dass Sie mit Sanktionen anfangen, sondern es muss irgend etwas passieren, ein Umdenkungsprozess, was die Bedeutung von Urheberrecht angeht und das ein langwieriger gesellschaftlicher Prozess. Aber wir Juristen sind da tot. Wir können gar nichts machen.

Prof. Zerdick:
Es ist verbreitet, nicht nur bei jungen Leuten, die Rechtswidrigkeit digitaler Kopien nicht so richtig einzusehen. Der Vergleich zwischen dem Diebstahl eines materiellen Gutes einerseits und der zusätzlichen Kopie, wo man niemand unmittelbar etwas wegnimmt, sondern es ein mittelbarer Prozess ist, andererseits, führt dazu, dass man wirklich längere Diskussionsprozesse braucht, um überhaupt zu sagen, wem es eigentlich wie und in welchem Maße schadet. Das Problem, das wir da haben, ist, dass diejenigen, die sich für die Einhaltung dieser Rechte besonders stark machen, immer die ursprünglichen Urheber sozusagen in den Vordergrund stellen, aber viele Zweifel haben – ich auch –, ob das in allen Fällen diejenigen sind, die tatsächlich am meisten davon haben. Deshalb auch mein Hinweis: wenn es denn gelänge, das lückenlos zu machen, fände ich das nicht deswegen nicht gut, weil es nicht durchsetzbar ist. Ich würde gerade fürchten, dass es wahrscheinlich durchsetzbar ist, wenn Sony einfach nichts anderes mehr liefert. Aber das Problem ist, dass es dann auf der

Basis der jetzigen Erlöserwartungen passieren würde. Das ist das Problem. Und es würde akzeptiert werden, wenn das, was faktisch jetzt schon passiert ist, nämlich dass viele Dinge mehrfach aber nicht sehr oft kopiert werden. So wie diese kleinen Geschichten früher auf den Schulhöfen, wo sich einer eine CD kauft, für fünf Leute kopiert. Ein anderer von den fünf kauft sich eine andere CD, kopiert es für die anderen. Das ist faktisch etwas gewesen, was hinnehmbar war, was noch eine relativ große Verbreitung mit gesicherten Erlösen zuließ, und es ist kulturell wünschenswert, dass mehr Leute Zugang zu guter Musik und zu guten Filmen haben. Nur die Sorge, dass der Übergangsprozess so läuft, dass die Erlöse so wegbrechen, dass man sie nicht mehr sinnvoll produzieren kann – die ja nicht völlig unberechtigt ist –, führt jetzt zu diesem Zwischenverhalten. Es gibt einen ganz kleinen Strang in der Wirtschaftswissenschaft, der sich mit sog. shared information goods beschäftigt, d.h. was passiert eigentlich genau mit den Informationsgütern, die kopiert werden. Meine Hoffnung wäre, dass es gelingt, in solche rechtlichen Regelungen mehr als die eine Privatkopie einzubeziehen, sondern auch Modelle zu finden – entweder später bei der Preissetzung, aber auch bei der rechtlichen Umsetzung möglicherweise, die solche kleineren Gruppen, die überwiegend auch unsere Kinder oder Enkel sein werden, in der Phase in die Situation zu treiben, wo sie wirklich Ladendiebstahl begehen, was wir ja nicht gut finden und nicht nur sozusagen Äpfel, die hier an der Straße liegen, aufheben, was wir im Zweifel hinnehmen würden, auch wenn es nicht die eigenen sind. Hier ist noch eine Wortmeldung. Bitte schön.

Dr. Erik Heitzer, Kabelnetzbetreiber:
Ich möchte anknüpfen an die Eingangsthese oder Forderung von Herrn Englert, wo es um den diskriminierungsfreien Anspruch in einem protokollbasierten, aufgerüsteten Kabelnetz ging. Es ist das, was wir teilweise geschafft und teilweise nicht geschafft haben. Aber ich denke, dass Einigkeit besteht, wenn das Kabel Zukunft haben soll, muss es dahin gehen. Dieser Forderung werden Sie wahrscheinlich auch nicht alle zustimmen. Auch Herr Eberle würde für die öffentlich-rechtlichen das Gleiche fordern. Davon ausgehend geht die Frage an Herrn Cronenberg. Die EU-Richtlinie, die Zugangsrichtlinie sieht in Artikel 8 so etwas vor, aber nur dann, wenn es sich um einen marktbeherrschenden Anbieter handelt. Nach unserer Ansicht sind Kabelnetzbetreiber, wie wir jedenfalls, heute allenfalls noch marktbeherrschend im Bereich des herkömmlichen Fernsehens, wie es bislang verbreitet wird. Wir sind es nicht, was die Infrastruktur Breitband angeht – es gibt andere breitbandige Strukturen –, und wir sind es erst recht nicht, was die Dienste angeht, über die wir hier reden, nämlich im wesentlichen Internetdienste. Meine Frage: Beabsichtigen Sie in Ihrem Haus eine Implementierung der Richtlinien im Rahmen der TKG-Novelle, die dahin geht, dass solche Zugangsansprüche, wie sie hier gefordert werden tatsächlich realisiert werden müssen von uns?

Herr Cronenberg:
Die Frage hat den Vorteil oder den Nachteil, dass sie ungewöhnlich konkret ist. Ich muss gestehen, dass ich Ihnen die Frage nicht beantworten kann. Ich kann Ihnen aber

gern meine Karte geben und kann Ihnen das Ergebnis der Meinungsbildung bei uns im Hause zuschicken. Ich will aber generell zur TK-Novellierung sagen, dass wir prinzipiell eigentlich zu Einzelfragen keine Aussagen machen, sondern doch sagen, dass das Gesetzgebungsverfahren oft darunter leidet, dass hier schon im Beginn des Frühstadiums von Gesetzesformulierungen darüber im detail öffentlich diskutiert wird. Das hat sich doch zunehmend als ausgesprochen nachteilig erwiesen. Die bei uns dafür zuständige Abteilung 7 hat deswegen den Auftrag, einen Referentenentwurf vorzubereiten. Der wird intern beraten, und die öffentliche Diskussion in Einzelfragen wird erst danach begonnen. Soweit es trotz dieses Vorbehaltes möglich ist, dazu eine vorläufige Aussage zu machen, will ich Sie Ihnen gern zukommen lassen. Im Übrigen weiß ich nicht genau, ob nicht auch die Entscheidungen des Bundeskartellamtes hier eine Rolle spielen, und der Gesetzgeber es sich gut überlegen wird, ob und wie weit er solche Entscheidungen korrigiert.

Prof. Zerdick:
Weitere Anregungen und Anmerkungen von Ihnen? Ich bekomme den Hinweis, dass einige froh wären, wenn wir pünktlich schließen würden. Einverstanden? Dann schlage ich vor, dass wir jeder noch einen oder zwei Sätze sagen, was die einen oder zwei wichtigsten Anforderungen, Vorschläge, Bitten an die Rahmenbedingungen sind, die jetzt zu entwickeln sind im Rahmen der Informationsgesellschaft 2006. Darf ich Herrn Junginger bitten.

Dr. Junginger:
Ich kann das relativ einfach machen. Ich bin eigentlich schon sehr froh, dass diese Diskussion über Digital Rights Management richtig angefangen hat. Es war meiner Meinung nach bisher mehr eine Diskussion in den USA. Es ist für die Zukunft ungeheuer wichtig, dass wir da Lösungen finden, denn wir haben die Lösungen noch nicht. Es ist wichtig, dass wir uns bewusst sind, dass es ein Problem ist, was die weiteren digitalen Dienste sehr beeinflusst.

Dr. Englert:
Ich möchte den Punkt erwähnen, dass trotz der ganzen Depression, die bei dem Thema digital und neue Medien zu herrschen scheint, trotz der Diskussion, die hier sehr sachlich, juristisch und technisch geführt worden ist, ist meine Anforderung an alle, die hier sitzen oder an alle, die im Plenum sitzen, dass wir nicht aufgeben positiv darüber nachzudenken, was eigentlich in dieser neuen schönen digitalen Welt alles passieren kann und mit Optimismus und mit Kreativität daran gehen. Dass uns alles, was derzeit wirtschaftlich oder regulatorisch passiert, uns nicht daran hindern sollte, unseren Optimismus zu verlieren und unsere Kreativität zu verlieren. Das ist meine wichtigste Forderung an die Rahmenbedingungen, die wir uns aber alle selber stellen müssen.

Prof. Zerdick:
Das passt wunderbar zu meinem Hauptanliegen, dass wir die wunderbaren Möglichkeiten, die in den neuen Techniken liegen, nicht dadurch auch nur teilweise ver-
schütten, dass wir kurzfristige Sorgen in den Vordergrund stellen und nicht die lang-
fristigen Entwicklungsmöglichkeiten. Mir liegt wirklich daran – und ich glaube,
allen sollte daran liegen –, dass das, was wir kulturelle Netzeffekte, die gemeinsame
Basis an Intelligenz und an Vorräten von Wissen und Vorstellungen ausweiten und
verteilen und nicht begrenzen.

Prof. Eberle:
Der Suche nach intellektuell ansprechenden und intelligenten Lösungen kann ich
nur zustimmen. Wir haben sie in dem einen oder anderen Bereich versucht, auch
wenn wir angegriffen werden. Ich glaube, es ist uns durchaus gelungen. Was wir
brauchen, ist die Schaffung der technischen Voraussetzungen. Ich darf insbesondere
an die Schnittstellenproblematik erinnern, MHP, außerordentlich wichtig, um genau
das auf diesem Sektor zu schaffen, was anderswo verbockt worden ist, weil man sich
nicht auf einen gemeinsamen Standard einigen konnte. Schließlich Beseitigung der
urheberrechtlichen Probleme, damit Inhalte zur Verfügung gestellt werden, damit
dieser Wirtschaftsbereich stärker zum Blühen kommt als bisher, den auf die Inhalte
ist er angewiesen.

Prof. Zerdick:
Herr Cronenberg!

Herr Cronenberg:
Mein Eindruck ist auch, dass wir dazu kommen müssen, dass wir eine neue Auf-
bruchsstimmung entfachen, dass das Gefühl vorhanden ist, dass hier eine positive
Veränderung mit vermehrter Teilhabe, auch kultureller und geistiger Art für alle
ermöglicht werden kann und das wir acht geben müssen, dass wir bei aller Wichtig-
keit der technischen und rechtlichen Fragen nicht darüber das Ziel verlieren in
diesem internationalen Wettbewerb, bei dem auch die Frage der Stimmung, der Haltung zu diesen neuen Medien eine Rolle spielt, dass wir in diesem internationalen
Wettbewerb nicht zurückfallen.

Prof. Zerdick:
Herzlichen Dank! Ich danke Ihnen allen und gebe das Wort zurück an Herrn Picot.

7 Schlusswort

Prof. Dr. Dres. h.c. Arnold Picot
Universität München

Am Ende unserer Konferenz möchte ich diesem Panel und allen anderen Referentinnen und Referenten, Diskutantinnen und Diskutanten des heutigen Tages ganz herzlich danken für die außerordentlich anregenden und vielfältigen, zum Teil auch kontroversen Beiträge zu diesem bedeutenden Thema, das uns sicherlich noch länger beschäftigen wird. Wie in einem Brennglas wurde in dieser Diskussion über „Video digital" klar, wie die Digitalisierung, die fortschreitet und noch weiter fortschreiten wird, die Art und Weise, wie wir wirtschaften, zusammen leben, wie unser Ordnungsrahmen gestaltet ist, wie wir kooperieren, ob wir international kompatibel sind oder uns auch abschotten, nachhaltig, schrittweise, zum Teil auch rasch verändert. Es geht darum, dass wir sowohl die wirtschaftlichen Geschäftsprozesse als auch den jeweiligen rechtlichen und kulturellen Ordnungsrahmen in ihrer Leistungsfähigkeit und auch in ihrem Anpassungsbedarf erkennen.

Dazu ist heute unter Einbeziehung der aktuellen und künftigen technologischen Entwicklungen viel Anregendes gesagt worden. Die Entwicklung ist so dynamisch, dass z.B. vor 2 Jahren, wie man verschiedentlich hören konnte, das Thema DRM, also Digital Rights Management, noch ganz anders als heute positioniert wurde. Was dann wirklich daraus wird, kann man noch immer nicht voraussehen.

Es ist sicherlich wichtig, dass die Entwicklung unserer Institutionen offen gehalten wird, so dass die Dynamik in einem positiven Sinne weiter gehen kann. Es macht wenig Sinn zu versuchen, die bisherige Welt, so wie wir sie bislang kennen, eins zu eins in den Regelwerken der digitalen Welt abzubilden, weil wir uns dadurch zukünftige Chancen mit Sicherheit verschließen würden. Vielmehr müssen wir uns in einem konstruktiven offenen Sinne diesen neuen Möglichkeiten stellen und institutionelle Rahmenbedingungen, Angebote und Geschäftsmodelle so gestalten, dass sich ganz neuartige und nützliche Formen der Geschäftsabwicklung sowie der Entwicklung von Kultur und Wissenschaft herausbilden können.

Mein herzlicher Dank gilt den Referenten, Diskutanten und Teilnehmern dieser Konferenz, aber auch den federführenden Organisatoren und Initiatoren, nämlich Herrn Prof. Ziemer vom ZDF, der die Idee ganz wesentlich mit auf den Weg gebracht hat, und Herrn Kollegen Eberspächer. Zusammen mit Vorstand, Forschungsausschuss und Programmkomitee des Münchner Kreises haben sie das Vorhaben vorangetrieben. Dafür ganz herzlichen Dank!

Ich danke ferner der Geschäftsführung und der Geschäftsstelle des Münchner Kreises, die uns wiederum in bewährter Weise eine gut organisierte und perfekt ablaufende Tagung ermöglicht haben und hoffentlich Ihnen allen auch einen angenehmen Tag hier in München bereiten konnten. Bitte beachten Sie und sagen Sie weiter, dass wir – ganz im Sinne des Mottos dieser Fachtagung „Video digital" – auf der Homepage des Münchner Kreises neben den Konferenzunterlagen auch die Vorträge und Diskussionen im Streaming-Modus allen Interessierten zur Verfügung stellen.

Anhang

Liste der Autoren und Diskussionsleiter /
List of Authors and Chairmen

Kurt Beck

Ministerpräsident
Staatskanzlei Rheinland-Pfalz
Peter-Altmeier-Allee 1
55116 Mainz

Martin Cronenberg

Bundesministerium für Wirtschaft
und Arbeit
UA VIB
Scharnhorststr. 34-37
10115 Berlin

Prof. Dr. Carl-Eugen Eberle

Zweites Deutsches Fernsehen
Justitiar
ZDF-Str. 1
55127 Mainz

Prof. Dr.-Ing. Jörg Eberspächer

Technische Universität München
Lehrstuhl für Kommunikationsnetze
Arcisstraße 21
80290 München

Dr. Marcus Englert

Geschäftsführer
Kirch Intermedia GmbH
Freisinger Landstr. 74
80939 München

Burkhard Graßmann

Mitglied des Vorstandes
T-Online International AG
Waldstr. 3
64331 Weiterstadt

Prof. Dr. Jo Groebel

Generaldirektor
Europäisches Medieninstitut
Zollhof 2a
40221 Düsseldorf

Prof. Dr. Thomas Hess

Universität München
Seminar für Wirtschaftsinformatik
und Neue Medien
Ludwigstr. 28
D-80539 München

Prof. Dr. Thomas Hoeren

Westfälische Wilhelms-Universität
Institut für ITM
Bispinghof 24/25
48143 Münster

Dipl.-Kfm. Henrik Hörning

Head of Publishing Segment
Detecon International GmbH
Garmischer Str. 19-21
81377 München

Dr. Hans-Georg Junginger

Executive Vice President
Sony Europe GmbH
Kemperplatz 1
10785 Berlin

Jürgen Mayer

Head of Business Development
Yahoo Deutschland GmbH
Holzstr. 30
80469 München

Prof. Dr. Dres. h.c. Arnold Picot

Universität München
Department für Betriebswirtschaft
Ludwigstr. 28
80539 München

Werner Scheuer

Geschäftsführer
Bosch Breitbandnetze GmbH
Bismarckstr. 71
10627 Berlin

Klaus-Peter Siegloch

Zweites Deutsches Fernsehen
heute Redaktion
Gluckstr. 13a
65193 Wiesbaden

Dr. Helmut Stein

Geschäftsführer
Premiere Fernsehen GmbH & Co KG
Medienallee 4
85774 Unterföhring

Dr. Günther Struve

Programmdirektor
Erstes Deutsches Fernsehen
Arnulfstr. 42
80335 München

Patrick Zeilhofer

Programmdirektor
RTL Newmedia GmbH
Coloneum 1
50829 Köln

Prof. Dr. Axel Zerdick

Freie Universität Berlin
Institut für Publizistik- und
Kommunikationswissenschaft
Malteser Str. 74-100
12249 Berlin

*Prof. Dr.-Ing. Dr.-Ing. E.h.
Albrecht Ziemer*

Produktionsdirektor
Zweites Deutsches Fernsehen
55100 Mainz

**Programmausschuss /
Program Committee**

Prof. Dr.-Ing. Jörg Eberspächer

Technische Universität München
LS für Kommunikationsnetze
Arcisstr. 21
80290 München

Prof. Dr. Jo Groebel

Generaldirektor
Europäisches Medieninstitut
Zollhof 2a
40221 Düsseldorf

Dipl.-Ing. Wolfgang Groenen

Stirner Str. 16
90425 Nürnberg

Stefan Holtel

Vodafone Pilotentwicklung GmbH
Chiemgaustr. 116
81549 München

Heiner Kroke

Vice President
Direct Group Bertelsmann GmbH
Business Development
Carl-Bertelsmann-Str. 270
33311 Gütersloh

Prof. Dr. Jürgen Müller

Fachhochschule für Wirtschaft Berlin
Badensche Str. 50/51
10825 Berlin

Prof. Dr.-Ing. Frank Müller-Römer

MedienBeratung München (MBM)
Tannenstr. 26
85579 Neubiberg

Prof. Dr. Dres. h.c. Arnold Picot

Universität München
Department für Betriebswirtschaft
Ludwigstr. 28
80539 München

Dr. Hans-Peter Quadt

Deutsche Telekom AG
Zentrale INM-1
Friedrich-Ebert-Allee 140
53113 Bonn

Dr. Ralf Schäfer

Fraunhofer Institut f.
Nachrichtentechnik HHI
Einsteinufer 37a
10587 Berlin

Prof. Dr. Gert Siegle

Direktor
Robert Bosch GmbH
Bismarckstr. 71
10627 Berlin

Prof. Dr.-Ing. Ralf Steinmetz

Technische Universität Darmstadt
Multimedia Kommunikation KOM
Merckstr. 25
64283 Darmstadt

Prof. Dr.-Ing. Heinz Thielmann

Fraunhofer Institut
Direktor SIT
Rheinstr. 75
64295 Darmstadt

Dipl.-Ing. Herbert Tillmann

Technischer Direktor
Bayerischer Rundfunk
Rundfunkplatz 1
80335 München

*Prof. Dr.-Ing. Dr.-Ing. E.h.
Albrecht Ziemer*

Produktionsdirektor
Zweites Deutsches Fernsehen
55100 Mainz